루아스 마마의 홈베이킹 클래스

귀여운 아이싱 쿠키 만들기

루아스 마마의 홈베이킹 클래스

귀여운 아이싱 쿠키 만들기

지은이 김민주
펴낸이 정규도
펴낸곳 황금시간

초판 1쇄 발행 2015년 11월 9일

편집 신소연 권명희
디자인 렐리시
사진 김하영

황금시간
Golden Time

주소 경기도 파주시 문발로 211
전화 (02)736-2031(내선 362~364)
팩스 (02)732-2036

출판등록 제406-2007-00002호
공급처 (주)다락원
구입문의 전화: (02)736-2031(내선 250~252)
　　　　　　 팩스: (02)732-2037

값 13,800원
ISBN 978-89-92533-80-5 13590

http://www.darakwon.co.kr
• 다락원 홈페이지에서 주문하시면 자세한 정보와 함께 다양한 혜택을 받으실 수 있습니다.
• 기타 문의사항은 황금시간 편집부로 연락 주십시오.

루아스 마마의 홈베이킹 클래스

귀여운 아이싱 쿠키 만들기

김민주 지음

12년 전 처음 오븐을 사용하던 날이 생각납니다. 쿠키 반죽을 만들고, 오븐에 넣고 기다리던 그 설렘과 긴장의 시간. '정말 내가 만든 쿠키가 잘 부풀었을까' 하는 걱정과 함께 오븐의 문을 열었는데, 처음 만든 쿠키치곤 꽤나 근사했어요. 그 뿌듯함은 지금도 잊히지 않습니다. 그날 이후 오븐은 거의 매일 돌아갔고, 취미는 어느새 직업이 되었습니다.

아이싱 쿠키를 처음 본 건 10년 전 겨울 독일 여행 때였어요. 크리스마스 시즌에 열리는 시장에서 잘 만든 액세서리나 기념품처럼 예쁜 아이싱 쿠키들을 파는 걸 보고 눈을 뗄 수가 없었죠. 그때부터 아이싱 쿠키를 만들기 시작했습니다. 쿠키 위에 그림을 그리듯 아이싱하는 재미에 푹 빠졌습니다. 국내에 아이싱 쿠키 정보가 너무 없어서 힘들긴 했지만 새로 쿠키 디자인을 해보고 어떻게 데코할까 고민하는 시간도 즐거웠어요.

아이싱 쿠키는 쿠키 위에 갖가지 색의 아이싱(달걀흰자, 슈거파우더, 레몬즙을 섞어 만든 당의[糖衣])을 입히고 다양한 데코 재료를 얹어 만듭니다. 그만큼 화려하

고 예쁘기 때문에 디저트이자 선물용으로 그만이지요. 하지만 제가 처음 만들기 시작할 때만 해도 아이싱 쿠키를 아는 사람들이 거의 없었습니다. "이거 다 먹을 수 있는 거예요." 아이싱 쿠키를 보며 놀라는 사람들에게 제일 많이 했던 말이죠. 지금은 국내에서도 아이싱 쿠키에 대한 관심이 점점 커지고 있음을 실감합니다.

책을 쓰는 건 또 다른 도전이었지만 아이싱 쿠키를 잘 모르는 분들에게, 또한 아이싱 쿠키를 더 잘 만들고 싶은 분들에게 조금이라도 도움이 되길 바라는 마음으로 용기를 냈습니다. 지난 10여 년간 어떻게 하면 더 예쁘고 맛있는 아이싱 쿠키를 만들 수 있을까 고민했던 시간과 결과들을 이 책에 담고자 노력했습니다.

사랑하는 남편과 예쁜 딸 루아 그리고 물심양면으로 지원을 아끼지 않으셨던 부모님이 있었기에 아이 엄마만이 아닌 '루아스 마마' 김민주로 좋아하는 일을 해올 수 있었습니다. 우리 가족에게 거듭 감사하고 사랑한다는 말을 전하고 싶습니다.

루아스 마마 김민주

Chapter 1
시작하기

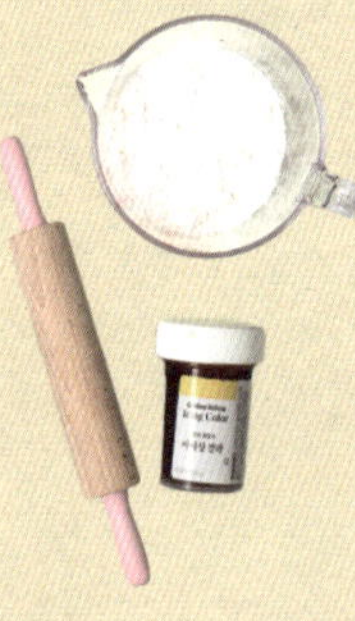

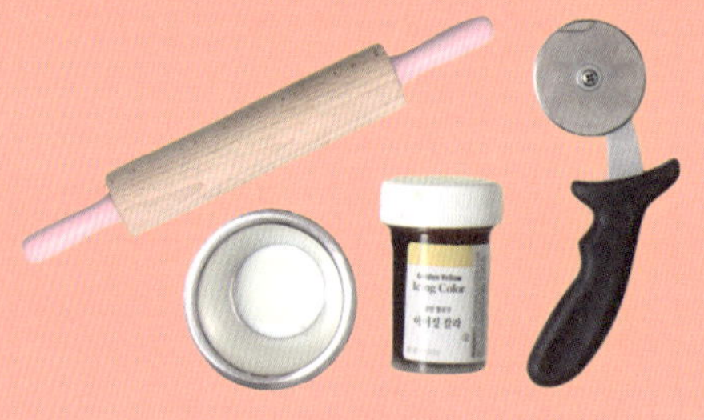

시작하기

꼭 알아두어야 할 내용을 담은 기초
파트입니다. 쿠키 만들기부터 아이싱하는
방법까지 아이싱 쿠키를 만들기 위한
기본기를 익힐 수 있습니다.

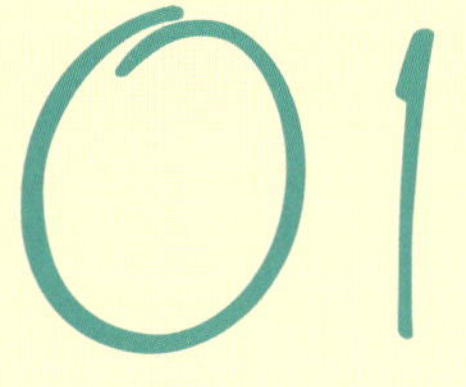

01 기본 도구

베이킹을 하려면 갖춰야할 도구들이 많습니다. 대부분 10년 이상 쓸 수 있는
도구들이니 꼭 필요한 건 갖춰 놓아야 편리하게 베이킹을 할 수 있습니다.
요즘은 마트에서도 손쉽게 베이킹 도구들을 구할 수 있으니 기본 도구부터
준비해서 시작해보세요.

◆ 쿠키를 만드는 도구

① **오븐** 가정용 오븐으로는 토스트 오븐부터 멀티오븐(전자렌지 겸용), 가스오븐, 전기오븐 등 다양한 종류의 오븐이 있습니다. 책에 나와 있는 쿠키 레시피의 오븐 온도와 시간을 참고해서 오븐의 특성에 맞게 조절해서 사용하세요.

② **오븐장갑** 오븐에서 달궈진 오븐팬은 매우 뜨겁기 때문에 반드시 오븐용 장갑을 사용해서 꺼내세요.

③ **저울** 1그램(g)의 차이로도 결과물이 달라질 수 있기 때문에 정확한 수치를 나타내는 저울이 필요해요.

④ **계량스푼과 계량컵** 소량의 액체나 가루의 양을 잴 때 계량 단위가 적혀 있는 계량스푼을 쓰면 편리해요. 스푼에는 1Ts(1큰술), 1ts(커피스푼으로 1작은술), 1/2ts(1/2작은술), 1/4ts(1/4작은술) 등이 있는데, 1Ts는 15g, 1ts는 5g입니다. 계량컵은 좀더 많은 양의 재료를 계량할 때 편리해요. 계량스푼과 계량컵에 재료를 수평으로 담고 계량하세요.

⑤ **큰 볼(쿠키용)** 재료를 넣어 휘핑할 때 편리한 도구예요. 넓고 얕은 볼과 깊은 볼 등 사이즈, 모양이 다양해서 용도에 맞게 사용하는 것이 좋아요. 이 책에서는 쿠키 반죽을 크림화하고 반죽을 한 덩이로 만드는 과정이 필요하므로 재료들이 넘치지 않도록 깊은 볼을 사용하니 참고하세요.

⑥ **체** 가루를 체 칠 때 씁니다. 덩어리진 가루를 곱게 정리해주고 불순물을 제거하며 공기 포집으로 결과물이 잘 부풀게 도와요.

⑦ **핸드믹서** 머랭을 내거나 반죽을 혼합할 때 손쉽고 빠르게 작업할 수 있어 편리해요.

⑧ **거품기** 재료를 섞거나 거품을 낼 때 특히 소량 작업 때 주로 사용해요.

⑨ **주걱** 재료를 섞거나 반죽을 한 덩이로 만들 때, 볼에 반죽을 정리할 때 사용해요.

⑩ **스크래퍼** 반죽을 정리하거나 자르고 옮길 때 사용해요. 또 케이크 반죽의 윗면을 고르게 정리할 때, 케이크 아이싱할 때 스패출러 대용으로도 사용합니다.

⑪ **유산지와 테프론시트** 오븐팬 위에 유산지나 테프론시트를 깔고 쿠키를 구워야 잘 떨어져요.

⑫ **밀대** 반죽을 펼 때 씁니다. 밀대가 있어야 균일한 두께로 반죽을 밀 수 있어요.

⑬ **쿠키 커터** 반죽 위에 찍어 쿠키의 모양대로 따낼 수 있는 도구로 플라스틱, 스테인리스 등 다양한 재질이 있어요. 특히 스테인리스 쿠키 커터는 사용 후 흐르는 물에 깨끗이 닦고 바로 물기를 제거한 후 보관해야 녹이 슬지 않아요.

⑭ **파이칼 또는 칼** 섬세한 디자인의 쿠키 커터 등 필요한 쿠키 커터가 없을 경우 원하는 쿠키 모양대로 반죽을 재단할 때 써요.

⑮ **일회용 비닐봉지와 지퍼백** 한 덩이로 만든 쿠키 반죽을 일회용 비닐이나 지퍼백에 담아 냉장고에서 충분히 휴지시킬 때 사용해요.

⑯ **식힘 망** 오븐에서 나온 쿠키를 식힘 망에서 충분히 식힌 후 포장하거나 작업해야 세균 번식을 방지하고 원하는 굳기를 얻을 수 있어요.

♦ 아이싱 작업 도구

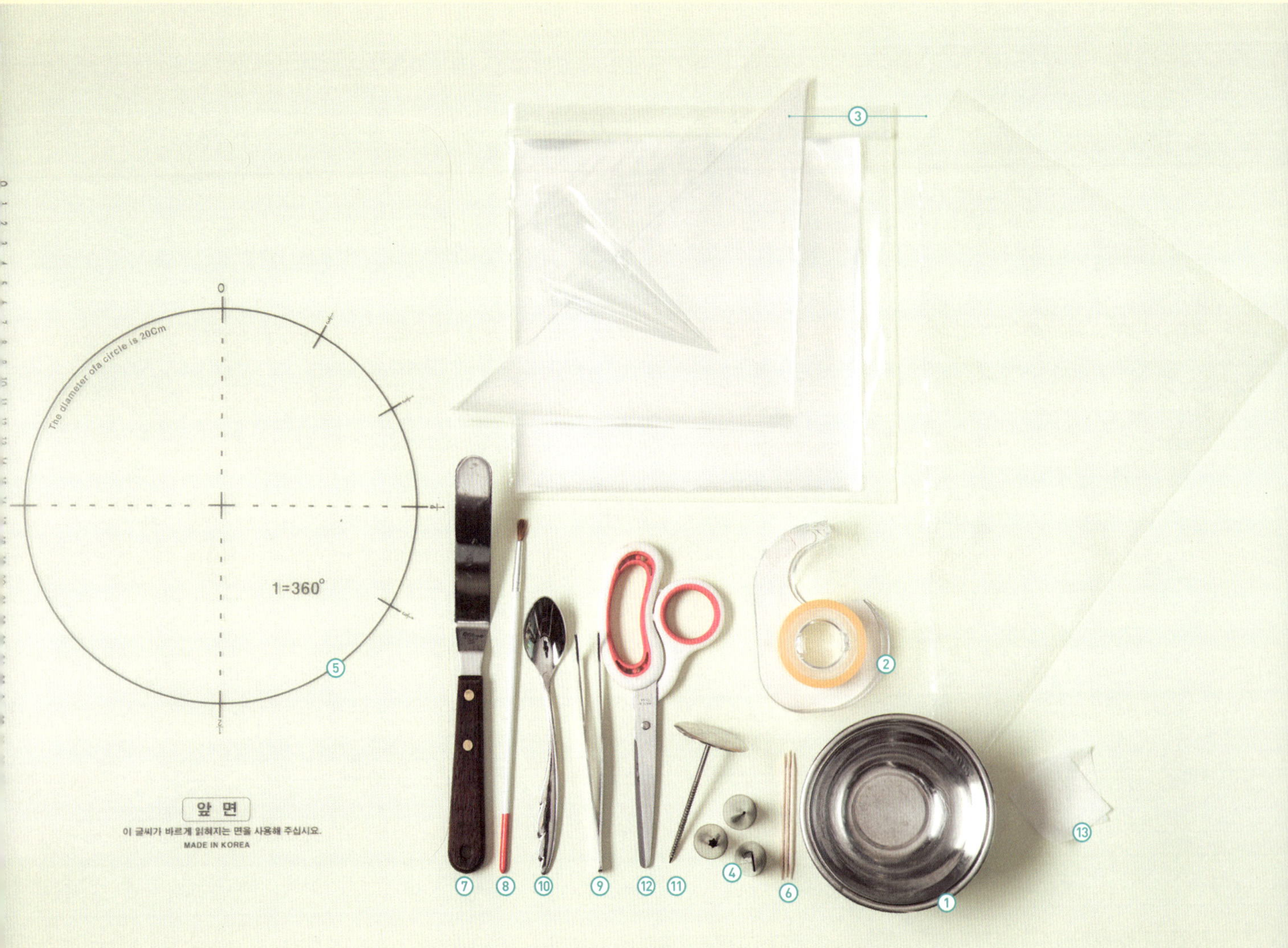

The diameter of a circle is 20Cm
0
1=360°
앞 면
이 글씨가 바르게 읽혀지는 면을 사용해 주십시오.
MADE IN KOREA

① **작은 볼(아이싱용)** 작은 볼에 아이싱 반죽을 담아 원하는 색을 넣고 섞어 사용해요. 관리가 쉽고 닦기 편한 스테인리스 재질의 작은 볼이 좋아요.

② **마스킹테이프 또는 스카치테이프** 아이싱 비닐 짤주머니를 만들 때 필요해요.

③ **짤주머니, 짤주머니용 비닐시트** 아이싱 반죽을 적당량 담아 편리하게 사용할 수 있어요.

④ **모양 깍지** 짤주머니에 반죽을 넣고 모양을 낼 때 사용해요.

⑤ **도마시트** 도마시트 위에 쿠키를 올려놓으면 편하고 위생적으로 작업할 수 있어요.

⑥ **이쑤시게 또는 니들 툴** 쿠키 위에 라인을 그리고 면을 채울 때 이쑤시개나 전문 니들 툴을 이용하면 고르고 매끄럽게 마무리할 수 있어요.

⑦ **스패츌러** 쿠키 반죽을 오븐팬 위로 옮길 때 또는 아이싱 쿠키 작업할 때 주로 사용해요.

⑧ **제과용 붓** 더스팅을 하거나 색을 덧입힐 때 또는 쿠키에 묻은 이물질을 털어 내거나 아이싱 반죽을 수정할 때 사용해요.

⑨ **핀셋** 스프링클이나 아라잔 부착 등 미세한 작업을 할 때 주로 사용해요.

⑩ **티스푼** 작은 볼에 아이싱 반죽을 덜거나 색을 낼 때, 반죽을 담을 때 사용하기 좋은 티스푼이 필요해요.

⑪ **꽃받침** 아이싱용 꽃을 짤 때 필요한 도구예요.

⑫ **가위** 짤주머니를 만들 때 필요해요.

⑬ **유산지** 모양 깍지를 이용해 꽃을 짤 때 필요해요.

 02 기본 재료

쿠키는 베이킹에 입문하는 사람들이 가장 먼저 만드는 것 중 하나예요.
케이크나 빵 만들기에 비해 재료나 도구가 간단해서 누구나 쉽게 도전할 수
있어요. 아이싱 쿠키를 만들려면 쿠키부터 만들어야 하니, 아이싱 재료,
데코 재료, 쿠키 재료를 모두 소개합니다.

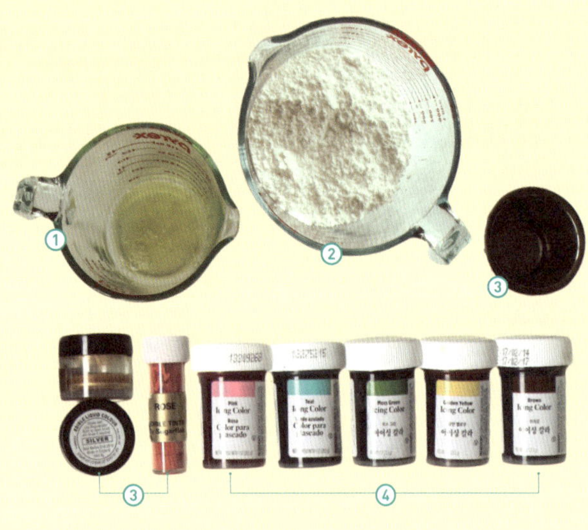

◆ 아이싱 재료

① **달걀흰자** 노른자가 섞이지 않게 흰자만 잘 분리해서
사용해요. 멸균 처리된 흰자 제품을 사용하면 편리해요.

② **슈거파우더** 전분이 없는 100% 슈거파우더는 사용하기
불편하므로 전분이 소량 포함된 일반 슈거파우더를
쓰세요.

③ **레몬즙** 살균작용과 함께 색을 더 선명하게 하며, 아이싱
반죽을 빠르게 건조시키는 효과가 있어요.

④ **식용색소** 윌튼 색소를 주로 사용해요.

⑤ **파우더** 금색과 은색 펄 파우더, 로즈 더스팅 파우더는
볼터치나 마지막 장식용으로 사용해요.

◆ 데코 재료

데코용으로 주로 쿠키나 케이크에 장식할 때 사용해요. 주원료가 설탕이에요.

   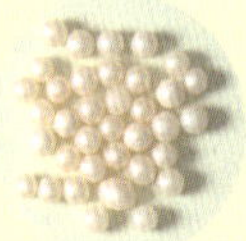   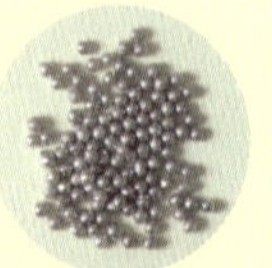 

| 원형 스프링클(소) | 원형 스프링클(중) | 하트 스프링클 | 화이트 펄 아라잔 | 눈 모양 스프링클 | 크리스털슈거 | 은색 아라잔(소) | 은색 아라잔(중) |

① 무염버터, 식물성 오일 베이킹을 할 때는 소금이 들어가지 않은 무염버터를 주로 사용해요. 버터는 냉장고에 보관하지만 실온 상태의 버터를 써야 해요. 손가락으로 버터를 눌렀을 때 살짝 들어가는 정도가 좋아요. 버터가 너무 녹은 상태에서 쿠키를 만들게 되면 쿠키가 퍼져서 작업하기 힘들어요. 버터 대신 식물성 오일을 사용하기도 하지만 어떤 재료가 들어가느냐에 따라 맛과 씹는 맛이 달라질 수 있으므로 주의해서 사용하세요.

② 바닐라빈 바닐라 나무의 열매인 바닐라빈은 우리가 흔히 아는 바닐라 맛을 내는 천연재료예요. 시중에서 파는 디저트에 들어가는 바닐라 맛은 원가절감을 위해 대부분 인공향을 쓴 경우지만요. 홈베이킹할 때는 바닐라빈을 사용하는 것이 좋습니다. 바닐라빈이 들어가는 디저트는 맛과 풍미가 좋기 때문이에요.

③ 설탕 쿠키를 만들 때는 흔히 쓰는 하얀 설탕을 사용하지만 쿠키의 종류에 따라 황설탕과 흑설탕을 사용하기도 해요. 그 외에 가루타입의 슈거파우더, 사탕수수당 등 다양한 종류의 설탕이 있어요.

④ 연유, 아가베시럽, 물엿 베이킹에 때때로 설탕 대신 넣기도 해요.

⑤ 달걀 쿠키 만들 때 달걀은 미리 냉장고에서 꺼내 두고, 실온 상태가 되었을 때 사용해요.

⑥ 박력분 밀가루는 강력분, 중력분, 박력분 이렇게 세 가지가 있어요. 박력분 → 중력분 → 강력분 순으로 단백질 함량이 높아요. 빵을 만들 때는 주로 강력분을, 쿠키를 만들 때는 주로 박력분을 사용하는데 이는 글루텐 함량이 적게 들어 있어 씹는 느낌이 바삭하기 때문이에요. 다목적용인 중력분도 사용 가능하나 이 책에서는 주로 박력분을 사용해요.

⑦ 무가당 코코아파우더 카카오 열매를 가루로 만든 것으로 코코아 쿠키나 초콜릿 케이크 등을 만들 때 많이 사용하는 재료예요.

03 쿠키 만들기

아이싱 쿠키를 만들기 전에 기본이 되는 쿠키 반죽을 먼저 만들어요. 여기서 소개하는 레시피대로 쿠키를 만들면 별로 달지 않아 아이들 간식으로도 좋아요.

재료 무염 버터 100g, 슈거파우더 90g, 달걀 40g, 소금 한 꼬집, 박력분 200g(코코아 쿠키는 박력분 190g+코코아가루 10g)

준비 제일 먼저 버터와 달걀을 냉장고에서 꺼내 실온에 둔다. 버터는 손가락으로 눌러 보았을 때 약간 들어가는 정도가 적당하다. 버터를 실온에 오래 방치해 두면 버터가 녹아 쿠키가 퍼지기 쉽다. 박력분은 체를 쳐둔다.

1. 볼에 버터를 넣고 마요네즈처럼 부드러운 크림 상태가 될 때까지 거품기로 섞는다.

2. 슈거파우더를 넣고 거품기로 섞는다.

3. 색깔이 뽀얗게 될 때까지 섞는다.

4. 달걀을 넣고 볼륨감이 생길 때까지 재빠르게 거품기로 섞는다. 달걀을 넣으면 분리 현상(순두부처럼)이 나타날 수 있으니 빠르게 저어야 한다.

5. 볼륨감이 생긴 모습.

6. 박력분을 넣고 가루가 보이지 않을 때까지 주걱으로 가볍게 섞는다(코코아 쿠키를 만든다면 이 단계에서 코코아가루 10g과 박력분 190g을 넣는다).

양이 많을 때는 밀가루를 2~3회로 나눠서 섞는 게 좋다

7. 거품기나 핸드믹서를 사용하면 반죽을 치대는 느낌으로 섞이고 글루텐이 형성되기 때문에 쿠키의 씹는 맛이 좋지 않다. 이를 방지하기 위해 주걱으로 가볍게 날가루가 보이지 않게 섞는다.

8. 한 덩어리가 되도록 반죽을 주걱으로 모은다.

"

일회용 비닐봉지에 담는다.

반죽을 밀대로 편다. 보통의 쿠키는 0.5~0.8cm 두께가 좋지만 아이싱 쿠키는 달기 때문에 좀 더 도톰한 두께로 밀어 굽는 게 좋다(약 1~1.5cm).

냉장실에 넣어 1시간 이상 휴지시킨다. 반죽을 꺼내고 비닐 옆면을 잘라 위쪽 비닐을 떼어낸다.

쿠키 커터에 밀가루를 살짝 묻힌 다음 반죽 위에 쿠키 커터를 올려 지그시 누른 후 살며시 비튼다.

쿠키 커터로 여러 개를 찍은 모습.

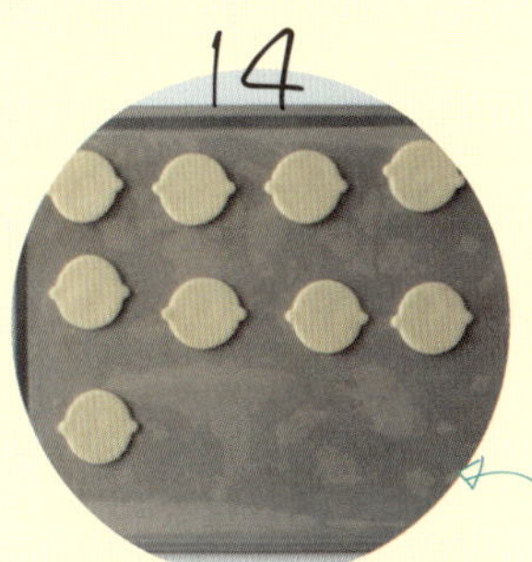

반죽을 손가락으로 살며시 눌러 쿠키 모양대로 분리한 다음 테프론시트가 깔린 오븐 팬 위에 올린다.

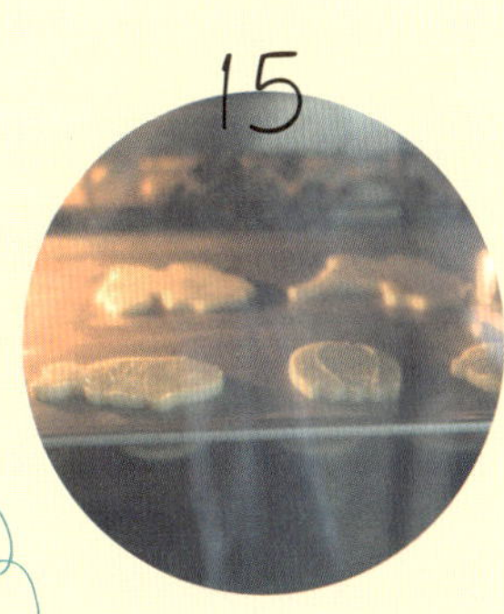

180도로 예열된 오븐에 넣고 10~15분 굽는다. 굽는 정도는 오븐마다 다르기 때문에 쿠키 가장자리가 갈색이 돌고 오븐에서 쿠키를 꺼내 손가락으로 가볍게 눌렀을 때 탄력 있게 다시 올라오면 완성이다. 오븐에서 꺼내 식힘 망에 올려 식힌다.

◆ 진저 쿠키 만들기

재료 무염버터 80g, 황설탕 60g, 소금 한 꼬집, 베이킹파우더 1g, 달걀 반 개, 박력분 150g, 생강가루 4g, 시나몬가루 2g

① 볼에 버터를 넣고 마요네즈처럼 부드러운 크림 상태가 될 때까지 거품기로 젓는다.
② 황설탕을 넣고 섞는다. 이때 소금도 같이 넣는다.
③ 반죽에 볼륨감이 생기면 달걀을 넣고 빠르게 섞는다.
④ 미리 체 친 가루(베이킹파우더, 박력분, 생강가루, 시나몬가루)를 넣고 주걱으로 가볍게 섞는다.
⑤ 한 덩이로 만들어 비닐에 넣고 밀대로 밀어 원하는 두께로 고르게 편다.
⑥ 쿠키 만들기의 11~15단계와 같이 진행.

Tip

① 쿠키마다 차이는 있지만 구운 쿠키는 7~10일 내에 먹는 것이 좋아요. 보관은 최대 3주까지 할 수 있어요.

② 남은 반죽은 지퍼백에 넣고 공기를 뺀 다음 밀대로 밀어 냉동실에 보관합니다. 냉동실에서는 최대 1개월 정도 보관할 수 있고, 자연해동해서 쓸 수 있습니다.

③ 쿠키 커터에서 반죽을 떼거나 옮기다 보면 모양이 찌그러질 수 있어요. 익숙하지 않다면 원하는 모양을 한꺼번에 찍은 다음, 모양 사이사이에 있는 반죽을 걷어내고, 유산지 상태로 오븐에 옮기는 것도 방법이에요.

04 모양 만들기

쿠키 커터가 많으면 다양한 모양의 쿠키를 만들 수 있어 좋지만, 무한정 사서 쓸 수도 없고 정작 원하는 모양의 제품은 없는 경우도 있지요. 이럴 때 원하는 쿠키 모양을 만드는 방법을 소개합니다.

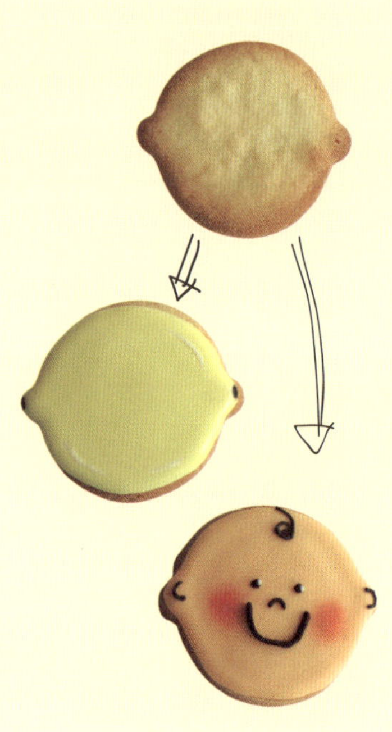

◆ 다르게 장식하기

쿠키 모양은 같아도 어떤 그림을 그리느냐에 따라 전혀 다른 쿠키처럼 보일 수 있어요.

◆ 기존 쿠키 커터 이용

기존 쿠키 커터를 이용해 다른 모양을 만들 수도 있어요. 예를 들면 부엉이는 달걀 쿠키 커터로 찍은 다음 끝부분을 한 번 더 찍어 잘라내면 돼요.

◆ 쿠키 커터와 칼 이용

기존 쿠키 커터로 찍은 다음 칼로 일부분을 잘라내 원하는 모양을 만들 수 있어요. 예를 들어 쿠키 커터로 찍은 물고기 모양에서 머리 부분을 자르고 지느러미 등을 제거하면 꽃다발 모양을 만들 수 있어요.

나만의 특색 있는 쿠키를 한두 개 정도 만들 때 쓰는 방법이에요.
하나하나 잘라서 만들어야 하므로 소량의 쿠키를 만들 때 좋아요.

종이 인형을 만들 때처럼 두꺼운 종이나 OHP 투명 필름지에 원하는 모양을 그린 다음 가위로 오린다.

쿠키 반죽 위에 놓고 파이칼이나 칼로 잘라낸다.

오려낸 반죽을 굽는다.

아이싱으로 꾸민다.

 **Tip** **원하는 모양의 쿠키 커터를 만들어주는 곳**
만드는 게 번거롭다면 전문 제작업체에 제작을 의뢰해도 됩니다.
원하는 모양을 그리고 스캔한 다음 보낼 수도 있고, 포토샵이나
일러스트레이터에서 그려서 넘길 수도 있어요. 의뢰할 때 재질이나
사양 등을 이야기하면 됩니다. 드로잉과 모델링을 할 수 있고 3D
프린터가 집에 있다면 집에서 바로 만들어 쓸 수도 있어요.

- 쿠키 커터 제작 업체 마이쿠키디어, 삐삐림
- 쿠키 커터 판매 업체 티앤테이블, 아마존닷컴, 방산시장(오프라인)

Tip **① 쿠키 커터 세척법**
사용한 쿠키 커터는 부드러운 천으로 닦거나, 이물질이 많이
묻어 있는 경우 흐르는 물에 가볍게 씻어 키친타월로 물기를
바로 제거한 후 보관하세요.

② 쿠키 커터 보관법
쿠키 커터는 모양이 찌그러져 망가지기 쉬우므로 쿠키 커터 전용
보관함을 만들어 보관하는 것이 좋아요.

다양한 모양의 쿠키 커터들.

05 아이싱 만들기

쿠키 위에 글씨나 그림을 그리려면 아이싱 반죽이 필요해요. 아이싱 반죽의 기본
재료는 슈거파우더, 달걀흰자, 레몬즙이에요. 세 가지를 믹싱볼에 넣고 섞으면 아이싱
반죽이 되는데 반죽의 농도에 따라 바탕 채우기, 글씨 쓰기, 그림 그리기 등 다양한
표현을 할 수 있어요. 또한 아이싱 반죽에 원하는 색을 섞어 그리면 다양한 색감의
쿠키를 완성할 수 있어요.

재료 슈거파우더 180g,
달걀흰자 1개분 30g, 레몬즙 1작은술

필요한 양만큼 스크
래퍼로 작은 볼에 옮
겨 담아 사용한다.

1 큰 볼에 달걀흰자와 레몬즙을 넣고 거
품기로 가볍게 섞는다.

2 슈거파우더를 넣고 핸드믹서의 거품기로
가루가 보이지 않게 골고르게 섞는다.

3 사진과 같이 반죽이 흘러내리지 않는
정도가 적당하다.

Tip **달걀흰자 대신 머랭파우더와 물 사용**
달걀흰자 특유의 비린내를 싫어하는 경우라면 달걀흰자와
레몬즙 대신 머랭파우더와 물을 이용합니다. 머랭파우더와
물의 양은 제품마다 다를 수 있으므로 제품 사용설명서를
참고하세요. 쓰다 남은 머랭파우더는 냉장고에 보관해야
하는데, 달걀흰자로 만든 머랭은 3일 이내, 머랭파우더로
만든 머랭은 1개월 이내에 써야 합니다.

※ 묽기 조절하기

① 반죽이 질면 슈거파우더를 더 섞는다.

② 반죽이 되면 레몬즙을 살짝만 더 섞는다.

③ 반죽 묽기 정도(묽음, 중간, 됨)는 아래와 같다.

Tip 묽은 반죽은 주로 쿠키의 바탕을 채우는 용도로 사용하고, 된 반죽은 글씨를 쓰거나 세부
그림을 그릴 때 주로 사용합니다.

 06 아이싱 조색하기

색에 따라 같은 그림도 다른 느낌으로 연출할 수 있어요.
다양한 색상을 활용해 아이싱 쿠키를 만들어 보세요.

◆ 한 가지 색소로 색 만들기(분홍색, 다홍색, 빨간색)

이쑤시개 끝에 색소를 묻혀 조금씩 반죽 안에 넣어 섞는다.

빨간색 색소를 조금 넣어 만든 분홍색.

원하는 색이 될 때까지 색소의 양을 조절해가며 섞는다.

빨간색 색소를 조금 더 넣어 만든 다홍색.

빨간색. 색소의 양이 늘어날수록 색이 점점 짙어진다.

◆ 색소를 섞어 색 만들기 (주황색)

이쑤시개에 묻힌 빨간색 색소를 반죽에 넣고 섞는다. 조금만 넣으면 분홍색이 되므로 빨간색이 될 때까지 조금씩 색소를 늘린다.

이쑤시개에 노란색 색소를 살짝 묻힌 다음 빨간색 반죽에 풀어 섞는다. 주황색이 될 때까지 노란색을 조금씩 추가하면서 섞는다.

※ **이 책에서는 윌튼(Wilton) 색소를 사용해요.**

레드레드●, 스카이블루●, 레몬옐로●, 골든옐로●, 모스그린●, 그린●, 퍼플●, 브라운●, 블랙● 등 기본적으로 8가지 정도만 있으면 여러 가지 색을 만들어 사용할 수 있어요.

※ **가루 색소와 액상 색소의 차이**

보통 케이크나 빵에 색을 낼 때는 천연가루나 식용색소 가루를 사용하는 게 편하지만 아이싱 반죽에는 가루를 잘 쓰지 않아요. 가루 입자가 아이싱 반죽과 섞이면 잘 녹지 않아 입자가 보이고 작업이 용이하지 않기 때문이에요.

※ **조색하는 방법**

아이보리● ⇒ 흰색(반죽)○ + 주황색●

분홍색● ⇒ 흰색(반죽)○ + 빨간색●

다홍색● ⇒ 흰색(반죽)○ + 빨간색●

주황색● ⇒ 흰색(반죽)○ + 빨간색● + 노란색●

보라색● ⇒ 흰색(반죽)○ + 빨간색● + 파란색●

하늘색● ⇒ 흰색(반죽)○ + 파란색●

베이비블루● ⇒ 흰색(반죽)○ + 파란색●

민트색● ⇒ 흰색(반죽)○ + 파란색● + 초록색●

초록색● ⇒ 흰색(반죽)○ + 파란색● + 노란색●

연두색● ⇒ 흰색(반죽)○ + 초록색●

회색● ⇒ 흰색(반죽)○ + 검은색●

* 원하는 색이 나올 때까지 기본 색소의 양을 조절하며 섞어 만든다.

07 짤주머니 만들기

아이싱용 짤주머니는 코르네(cornet) 라고 부르기도 해요. 일반 짤주머니보다
크기가 작고 그립감이 좋아 세밀한 표현이 필요한 아이싱 쿠키에 적합해요.
크기가 큰 쿠키의 경우에는 바탕을 채우는 반죽의 양이 많아야 하므로 일반적인
크기의 짤주머니에 반죽을 담아 사용하세요.

◆ 얇은 선을 그릴 때 쓰는 짤주머니 접기

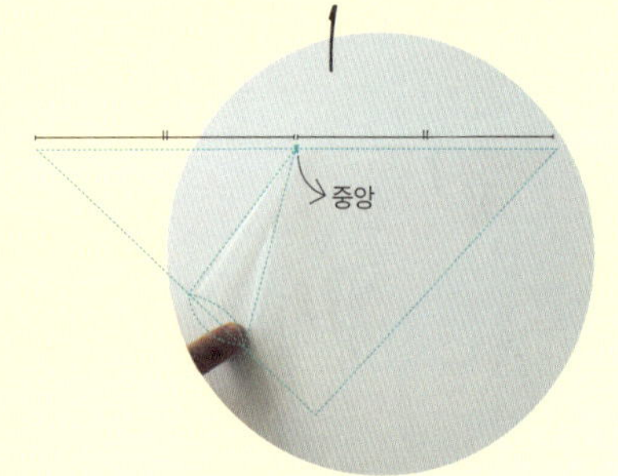

직각삼각형 짤주머니용 비닐(OPP
시트) 또는 종이를 준비해 한쪽 끝
에서부터 말아 나간다.

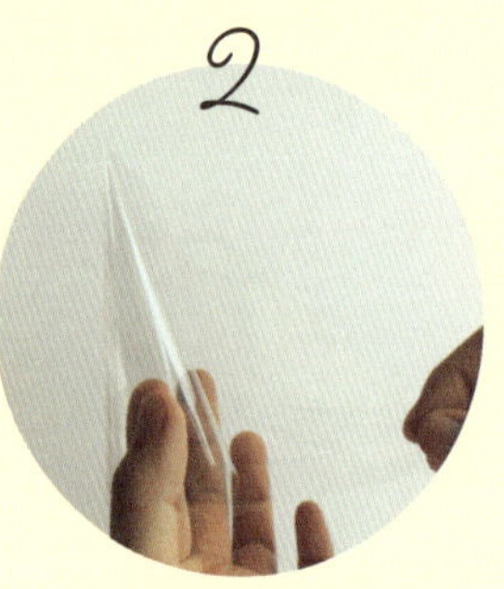

뿔 끝에 구멍이 생기지 않도록 타
이트하게 돌돌 만다.

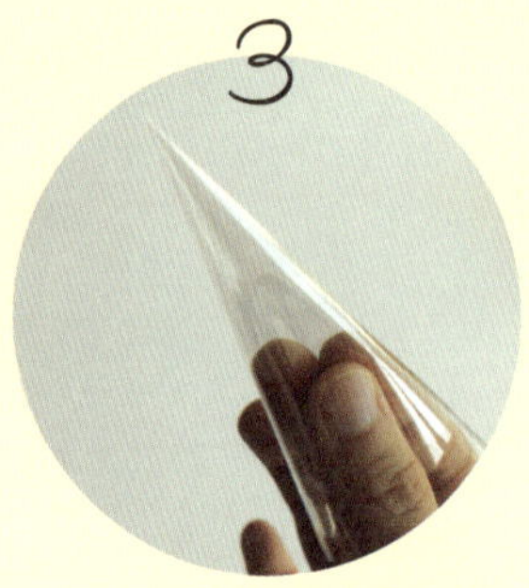

비닐을 양옆 아래쪽으로 잡아당기
며 한 번 더 잘 말렸는지 체크한다.

원뿔 모양이 흐트러지지 않도록 테
이프를 붙여 고정한다.

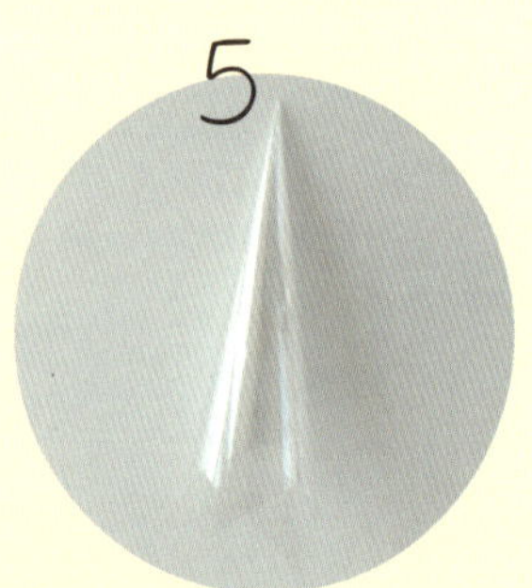

완성한 모습.

◆ 짤주머니에 아이싱 담기

티스푼으로 아이싱을 떠서 짤주머니에 담는다. 아이싱은 짤주머니의 60% 정도만 채운다(너무 많이 채우면 넘칠 수 있다).

짤주머니에 공기가 들어가지 않도록 공기를 빼고 돌돌 말아 입구를 막는다.

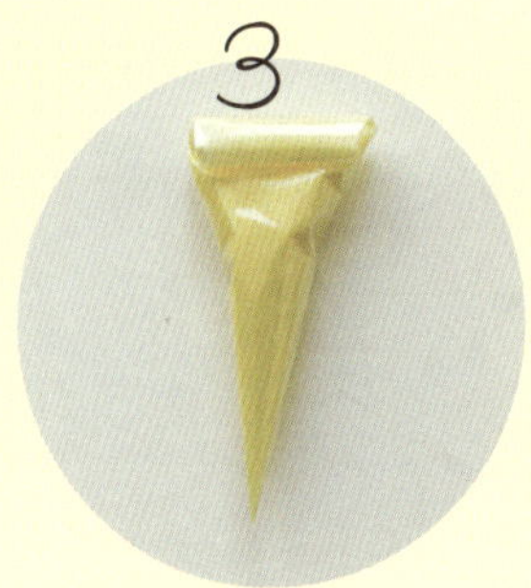

타이트하게 말아 스카치테이프를 붙여 고정한다. 사용할 때는 아이싱을 짜면서 윗부분을 접어 내리며 테이프를 붙인다.

◆ 커플러로 모양 깍지 끼우고 짤주머니 접기

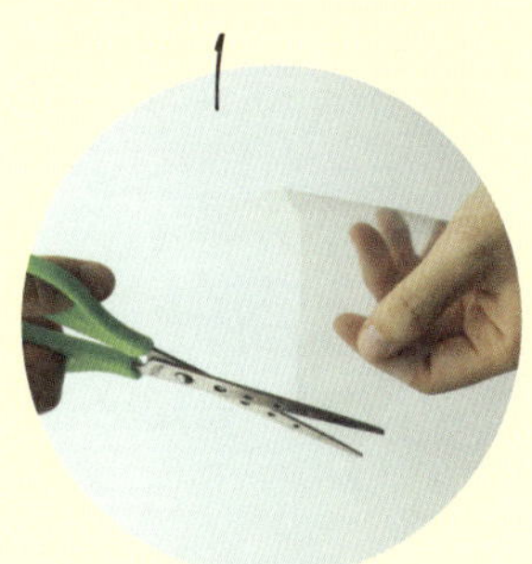

커플러 본체를 넣었을 때 앞쪽 1/3 정도가 밖으로 나오도록 짤주머니의 뾰족한 부분을 자른다.

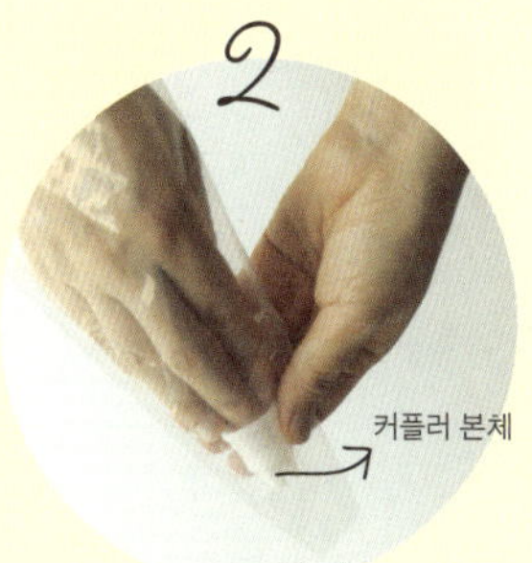

짤주머니 안에 커플러 본체를 넣는다.

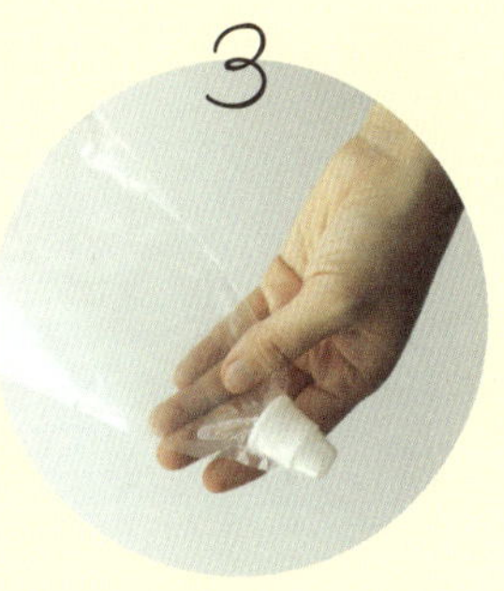

커플러 본체의 1/3 정도를 짤주머니 바깥쪽으로 빼낸다.

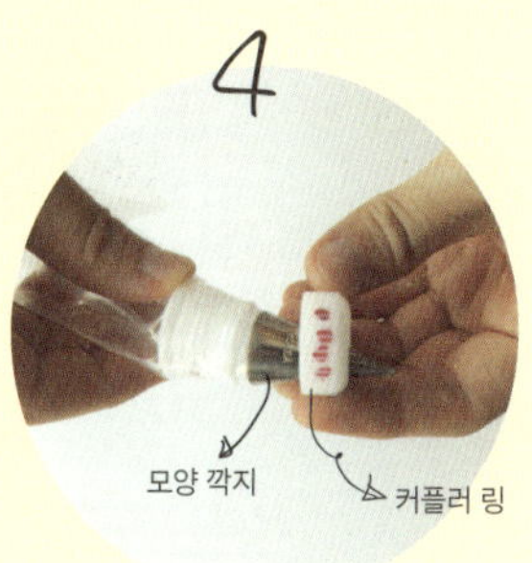

모양 깍지를 끼우고 커플러 링으로 고정한다.

스크래퍼나 숟가락으로 짤주머니에 아이싱을 넣는다.

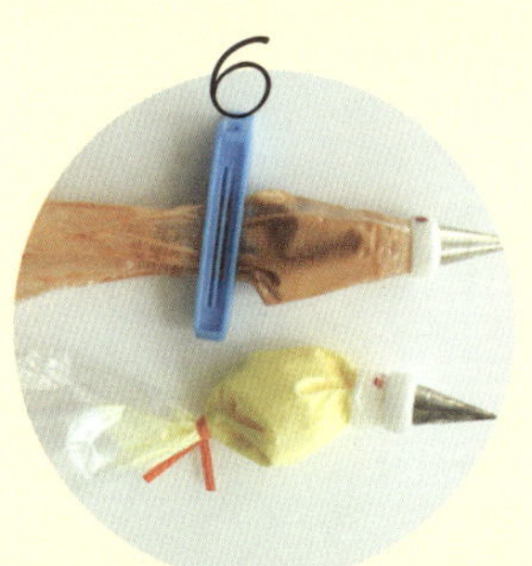

준비해 놓은 밀봉집게나 포장 끈으로 짤주머니 입구를 밀봉해 사용한다.

Tip 짤주머니를 재사용하는 방법

내용물이 흐르는 것을 방지하고, 짤주머니를 재사용할 수 있는 방법도 있어요. 랩의 가운데에 반죽을 넣고 감싼 다음 랩의 양쪽 끝을 돌돌 말아 밀봉한 뒤 한쪽은 묶고 한쪽(깍지 쪽)은 가위로 잘라 짤주머니에 넣고 사용하면 됩니다.

① 

② 

08 선 긋기와 점 찍기

아이싱 쿠키가 어려운 이유 중 하나는 바로 선 긋기예요. 구불거리지 않고 반듯하게, 일정한 굵기로 선을 긋는 것은 생각만큼 쉽지 않아요. 초보자라면 여러 번 연습을 해보는 것이 좋아요.

◆ 직선 그리기

시작 부분에서 짤주머니를 꾹 누르면서 직선 방향으로 움직인다. 이때 짤주머니가 살짝 들린 상태(대략 1cm)여야 매끈하게 직선을 만들 수 있다. 바닥에 붙인 상태에서 직선 방향으로 움직이면 선이 울퉁불퉁하고 구불구불해진다.

짤주머니가 살짝 들린 상태로 직선 끝부분을 마무리한다.

굵기를 달리해 직선을 그린 모습.

◆ 곡선 그리기

곡선 시작 부분에서 짤주머니를 꾹 누르면서 물결 모양으로 움직인다.

짤주머니를 살짝 든 상태에서 물결 모양으로 왔다 갔다 하며 선을 그린다.

◆ 점 찍기

짤주머니를 수직으로 세워 조금씩 반죽을 짜면서 점을 찍는다.

원하는 크기에 맞춰 양을 조절하면서 짠다.

09 면 채우기와 무늬 만들기

아이싱 쿠키에서 가장 기본은 면 채우기에요. 면을 고르게 채우는 것이 생각보다
어렵지만, 이쑤시개나 니들 툴 같은 전문 도구를 이용해 여러 번 연습하면 예쁘고
매끈한 쿠키를 만들 수 있어요.

◆ 면 채우기 (동그라미)

1. 테두리 라인을 그린다.

2. 안쪽 면을 채워나간다.

3. 전체를 매꾼다.

4. 표면이 전체적으로 울퉁불퉁하면
쿠기를 상하좌우로 가볍게 흔들어
평평하게 한다.

5. 표면이 부분적으로 울퉁불퉁하면
니들 툴이나 이쑤시개로 살짝 문지
른다.

◆ 도트 무늬 만들기

테두리 라인을 그리고 면을 채운다.

바닥 아이싱이 마르지 않은 상태에
서 점을 찍는다.

바닥 아이싱에 점이 자연스럽게 스
민 모습.

Tip 결과물 비교

평평하다 바닥 아이싱이
마르지 않았을 때 점 찍기

입체적이다 바닥 아이싱이
마른 뒤 점 찍기

① **날씨에 따라 달라지는 아이싱 굳는 속도**
습한 여름에는 쿠키를 완성해도 마르는 시간이 더 걸릴 수 있어요.
다 마르더라도 눅눅해지거나 아이싱 표면이 번질 수 있으니 실리카겔을
구입해 포장할 때 넣으면 좋아요.

② **쿠키가 완벽하게 마르려면**
쿠키 윗면을 아이싱 반죽으로 채운 뒤 완벽하게 마르기까지 보통 하루가
걸려요. 따라서 쿠키 윗면을 아이싱한 뒤 반나절~하루 정도는 말리고
나서 세부 그림을 그리는 것이 좋습니다. 여기에는 겉면이 마르는 최소
시간을 적었지만 안쪽까지 완벽하게 마르길 원한다면 시간을 더 넉넉하게
두고 작업하세요.

◆ 마블링 무늬 만들기

바닥 아이싱이 마르지 않은 상태에
서 가로로 직선을 그려 나간다.

니들 툴이나 이쑤시개를 이용해 위
에서 아래로, 아래에서 위로 선 긋
기를 반복한다.

마블링 무늬 완성.

1	2	3	4
수평으로 짧게 아이싱을 짜고, 수직으로 길게 아이싱을 짠다.	수직 선 위에 수평으로 여러 번 짧게 선을 넣는다.	옆으로 이동해서 한 칸 아래쪽에 1~2단계를 반복한다.	사진과 같이 격자가 되도록 아이싱을 짠다.

◆ **격자 무늬 만들기 2**

1	2	3	4
바닥에 아이싱을 채우고 말린 다음, 가로로 직선을 여러 번 긋는다.	세로 선을 짧게 여러 번, 사이사이에 긋는다.	방향이 어긋나도록 계속 세로 선을 긋는다.	같은 방법으로 전체 면을 채워나간다.

◆ **나만의 무늬 만들기**

같은 쿠키라도 무늬를 다르게 하면 확 달라 보이는 게 아이싱 쿠키의 매력 가운데 하나다. 아이싱하는 연습을 하면서 틈틈히 나만의 무늬를 구상하고 표현해 보자.

10 글자와 꽃 만들기

면 채우기와 선 긋기, 점 찍기 등 기본 테크닉을 익혔다면 글자 만들기, 꽃 만들기 등 다양한 응용 기법도 연습해 보세요. 받는 이의 이름이나 이니셜을 넣어 아이싱 쿠키를 만들면 더욱 특별한 선물이 될 수 있을 거예요.

◆ 글자 모양 올리기

1 글자를 복사한 종이 위에 OHP 필름을 놓고 모양대로 그린다. 이때 글자 테두리부터 그리고 나서 면을 채운다.

2 말린 다음 스크래퍼를 이용해 필름에서 글자를 떼어낸다. 하루 정도 말려야 쉽게 떨어진다.

3 글자를 아이싱 쿠키 위에 살짝 올린다.

4 쿠키 가장자리에 물방울무늬로 모양을 낸다.

> 바닥 아이싱이 살짝 덜 마른 상태라면 그대로 붙이고, 이미 마른 상태라면 글자 뒷면에 아이싱을 살짝 묻힌 다음 붙인다.

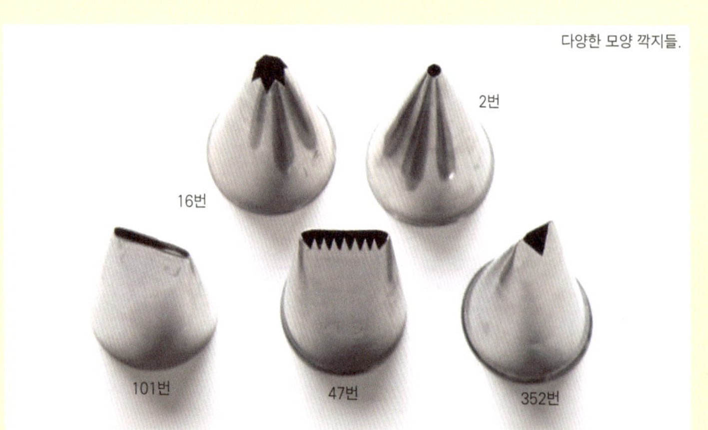

◆ 짤주머니로 꽃 짜기

1

면을 채우고 최소 1시간 정도 말린 후 물방울 모양으로 아이싱을 짠다.

2

같은 방법으로 나머지 잎을 만든다.

3

잎의 중앙에 점을 찍는다.

4

같은 방법으로 작은 꽃을 하나 더 만든다.

여기서는 말려야 하는 최소 시간을 적어 두었지만, 시간이 지나도 색이 번지지 않도록 하려면 반나절~하루 정도 말리는 것이 좋다.

5

물방울무늬와 점을 여러 개 찍어 완성한다.

짤주머니에 101번 깍지를 끼운 뒤
꽃받침 위에 아이싱을 짠다.

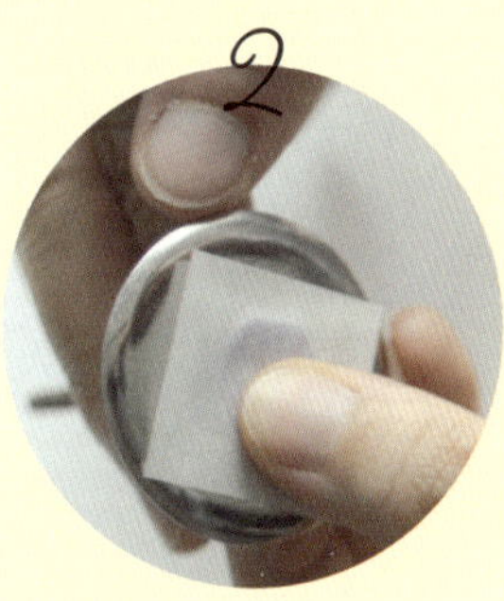

유산지를 올리고 가운데를 눌러 고
정한다.

짤주머니를 살짝 눌러 아이싱을 짠
다. 짜는 속도에 맞춰 꽃받침을 살
짝 돌린다.

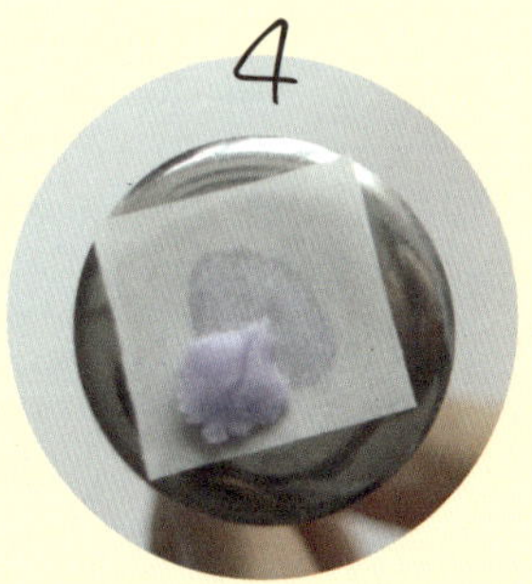

원하는 꽃잎 모양이 나오면 아이싱
짜기를 멈춰 마무리한다.

같은 방법으로 두 번째 잎을 짠다.

세 번째 잎과 네 번째 잎도 같은 방법
으로 짠다.

마지막 잎도 같은 방법으로 짠다.

꽃받침에서 유산지 채로 떼어 하루
정도 말린다.

꽃잎이 완벽하게 마르
면 유산지에서 쉽게 분
리가 되나, 마르지 않은
상태에서 떼면 꽃잎이
부서지거나 유산지에
반죽이 묻어난다.

꽃잎 위에 된 반죽의 아이싱으로 꽃술
을 짜 넣는다.

말린 꽃을 쿠키에 장식한다.

11 진저맨 쿠키 만들기

비교적 따라 하기 쉬운 진저맨 쿠키예요. 처음 도전하는 사람도 어렵지 않게 만들 수 있어요. 맛있고 예쁜 진저맨 쿠키를 만들며 자신감을 끌어올려 보세요.

검은색 아이싱으로 점을 찍어 눈을 만든다.

빨간색 아이싱으로 입을 그린다.

흰색 아이싱을 지그재그 모양으로 짜 넣어 양쪽 팔에 모양을 낸다.

계속해서 양쪽 다리에도 모양을 낸다.

이번에는 꼬불꼬불 곡선 모양으로 머리카락을 표현한다. 양 볼에 점도 찍는다.

초록색 아이싱으로 리본을 그린다.

양쪽 리본부터 그린 다음 가운데 굵은 점을 찍어 완성한다.

초록색과 빨간색 아이싱으로 단추를 그린다.

동물과 식물

동물과 식물은 아이싱 쿠키의
단골 소재예요. 귀여운 동물들은
특히 아이들이 좋아한답니다.

곰돌이 1

아이싱 쿠키 중에서 가장 인기 있는
곰돌이 시리즈입니다. 모양도 다양해서 색다른 곰돌이를
만드는 재미가 있어요.

미니 곰돌이

쿠키 형지 P.138
쿠키 종류 코코아 쿠키
아이싱 반죽
묽음 갈색 ●, 흰색 ○
됨 분홍색 ●, 검은색 ●

1 갈색 아이싱으로 곰돌이의 귀와 팔, 다리에 라인을 그린다.

2 귀와 팔, 다리에 갈색 아이싱으로 면을 채우고, 귀에 흰색 아이싱을 한 번 더 짠다.
5분 정도 말리고 얼굴과 몸통 라인을 그린다.

3 갈색 아이싱으로 얼굴 면을 채운다.
5분 정도 말린 뒤 몸통 면을 채우고, 코는 도톰하게 만든다.

4 10분 정도 말린 후 검은색 아이싱으로 눈과 코를 그린다.
분홍색 아이싱으로 글씨를 쓴다.

핼러윈 곰돌이

쿠키 형지 P.138
쿠키 종류 코코아 쿠키
아이싱 반죽
묽음 갈색 ●, 주황색 ●
됨 검은색 ●, 분홍색 ●, 초록색 ●

1 곰돌이의 몸통에 주황색 아이싱으로 사진과 같이 라인을 그리고, 갈색 아이싱으로 얼굴과 팔, 다리 라인을 그린다.

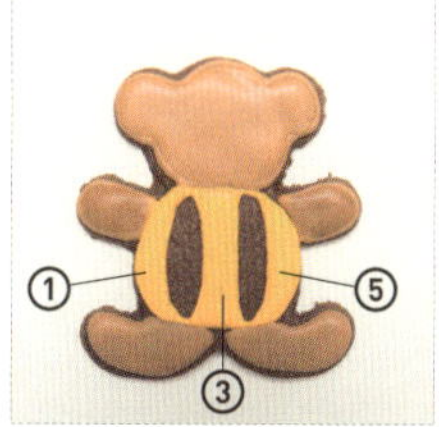

2 얼굴과 팔, 다리는 갈색 아이싱으로 면을 채우고, 몸통은 ①, ③, ⑤ 라인 먼저 주황색 아이싱으로 채운다.

3 코는 갈색 아이싱으로 도톰하게 만들고, 남은 ②, ④ 몸통 라인의 면을 채운다.
10분 정도 말리고, 검은색 아이싱으로 눈과 코를 그린다.

4 초록색 아이싱으로 호박 줄기를 그리고, 몸통 부분에 분홍색 아이싱으로 글씨를 쓴다.
갈색 아이싱을 작은 접시에 덜고, 곰돌이의 얼굴과 팔, 다리를 붓 끝으로 여러 번 찍어 털 느낌을 낸다.

곰돌이 2

곰돌이 쿠키 커터가 하나뿐이어도
아이싱을 다르게 하면 이렇게
다양한 곰돌이 쿠키를 만들 수 있어요.

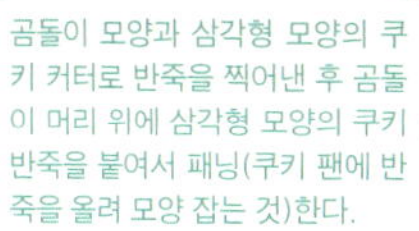

고깔 쓴 곰돌이/
빨간색 고깔 쓴 곰돌이

쿠키 형지 P.138
쿠키 종류 코코아 쿠키
아이싱 반죽
묶음 흰색 ○, 베이비블루 ●,
빨간색 ●
됨 검은색 ●, 파란색 ●,
흰색 ○, 분홍색 ●
부재료 원형 스프링클(중)

1 베이비블루 아이싱으
로 고깔 모양의 라인을
그리고, 코를 흰색 아이
싱으로 도톰하게 만
든다.

2 베이비블루 아이싱으로
고깔의 면을 채우고, 원
형 스프링클을 올려 장
식한다.
10분 정도 말리고 검은
색 아이싱(됨)으로 눈과
코를 그린다.

3 고깔 밑단은 파란색 아
이싱(됨)으로 끝부분
을 지그시 누르는 느낌
으로 점을 여러 개 찍
는다.
고깔의 끈을 그리고,
원하는 글씨를 쓴다.

4 빨간색 고깔 쓴 곰돌이
는 2단계의 스프링클
대신 흰색 아이싱(됨)
으로 사선 무늬를 넣어
만든다.

리본 곰돌이

쿠키 형지 P.138
쿠키 종류 플레인 쿠키
아이싱 반죽
묶음 갈색 ●, 분홍색 ●
중간 연두색 ●
됨 검은색 ●

1 갈색 아이싱으로 테두
리를 따라 라인을 그
린다.

2 면을 채우고, 마르기 전
에 분홍색 아이싱으로
귀를 그린다.
10분 뒤에 갈색 아이
싱으로 코를 도톰하게
만든다.

3 10분 정도 말린 후 검
은색 아이싱으로 눈과
코를 그린다.

4 연두색 아이싱으로 리
본을 그린다.

질감 곰돌이

쿠키 형지 P.138
쿠키 종류 플레인 쿠키
아이싱 반죽
중간 갈색 ●, 회색 ●
됨 진갈색 ●, 검은색 ●
부재료 짤주머니, 16번 깍지

1 별 모양을 낼 수 있는
16번 깍지를 끼운 짤
주머니로 진갈색 아이
싱을 사진처럼 짠다.

2 테두리를 별 모양으로
채운다.

3 전체 면을 별 모양으로
빈틈없이 채운다.

4 갈색 아이싱으로 손톱
과 발톱을 그리고, 코
를 도톰하게 만든다.
10분 정도 말린 후 검
은색 아이싱으로 눈과
코를 그리고, 회색 아이
싱으로 리본을 그린다.

오리

물 위를 유유히 노닐 것 같은
오리를 만들어요. 리본이나
도트 무늬도 잘 어울려요.

노랑 오리

쿠키 형지 P.138
쿠키 종류 플레인 쿠키
아이싱 반죽
묽음 노란색 ●, 주황색 ●,
검은색 ●, 민트색 ●
부재료 화이트 펄 아라잔

1 노란색 아이싱으로 오
리의 부리를 뺀 나머지
라인을 그린다.

2 면을 채우고 이쑤시개
로 고르게 편다.
날개도 라인을 먼저 그
리고 노란색 아이싱으
로 면을 채운다.

3 5분 정도 말린 후 주황
색 아이싱으로 부리의
면을 채우고, 검은색 아
이싱으로 눈을 그린다.

4 민트색 아이싱으로 라
인을 그리고 면을 채운
다. 이쑤시개로 고르게
편다.

분홍 오리

쿠키 형지 P.138
쿠키 종류 플레인 쿠키
아이싱 반죽
묽음 분홍색 ●, 다홍색 ●,
노란색 ●, 검은색 ●

1 분홍색 아이싱으로 오
리의 부리를 뺀 나머
지 라인을 그린다.

2 면을 채우고 마르기 전
에 다홍색 아이싱으로
사진처럼 점을 찍는다.

3 5분 정도 말린 후 노란
색 아이싱으로 부리를
채우고, 검은색 아이싱
으로 눈을 그린다.
다홍색 아이싱으로 목
라인과 리본, 날개를
그린다.

5 하루 정도 말린 오리와
직사각형 쿠키를 남은
아이싱 반죽으로 사진
처럼 붙인다.
오리와 직사각 쿠키 연
결 부분을 화이트 펄
아라잔으로 한 바퀴 빙
둘러 붙인다.

하늘 오리

쿠키 형지 P.138
쿠키 종류 플레인 쿠키
아이싱 반죽
묽음 하늘색 ●, 주황색 ●, 분홍색 ●,
검은색 ●, 흰색 ○
부재료 원형 스프링클(중)

1 오리의 부리는 노란색
으로, 나머지는 하늘색
아이싱으로 라인을 그
린다.

2 면을 각각 채운다.

3 스프링클로 장식하고,
10분 정도 말린 후 흰
색 아이싱으로 눈을,
검은색 아이싱으로 눈
동자와 눈썹을, 분홍색
아이싱으로 목걸이를
그린다.

고슴도치 / 악어

늪의 포식자 악어, 가시가 날카로운 고슴도치도
아이싱 쿠키로 만들면 이렇게 귀여워져요.

고슴도치

쿠키 형지 P.138
쿠키 종류 플레인 쿠키
아이싱 반죽
됨 회색 ●, 검은색 ●, 갈색 ●

1 고슴도치 몸통 윗부분에 지그재그 형태로 회색 아이싱을 굵게 짠다.

2 시계방향으로 한 바퀴 짜고 난 후 바로 안쪽으로 한 바퀴 돌려 짠다.

3 빈 공간을 메꾸면서 몸통을 모두 채운다.

4 검은색 아이싱으로 눈, 코, 입을 그린다.

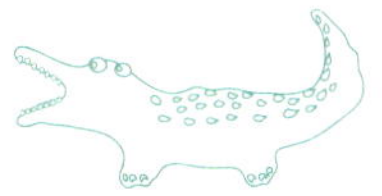

악어

쿠키 형지 P.138
쿠키 종류 플레인 쿠키
아이싱 반죽
묽음 초록색 ●
중간 빨간색 ●, 흰색 ○
됨 연두색 ●

1 초록색 아이싱으로 테두리 라인을 그린다.

2 면을 채우고 이쑤시개로 표면을 고르게 편다.

3 10분 정도 말린 후 흰색 아이싱으로 눈을 만든다.

5 갈색 아이싱으로 만들어 본 고슴도치.

4 연두색 아이싱으로 악어 등의 표피를 표현한다.

5 빨간색 아이싱으로 혀를 그린다.

6 흰색 아이싱으로 누르듯이 살짝 찍어 발톱을 만든다.

7 6단계와 같은 방법으로 이빨을 만들고, 검은색 아이싱으로 눈동자를 그린다.

양

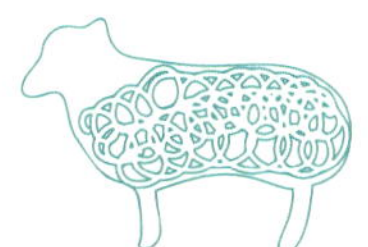

코코넛 양/
꼬불꼬불 양

쿠키 형지 P.139
쿠키 종류 플레인 쿠키
아이싱 반죽
중간 흰색 ◯, 아이보리 ◯
됨 흰색 ◯
부재료 코코넛 가루

1 흰색 아이싱으로 얼굴 라인을, 아이보리 아이싱으로 다리 라인을 사진처럼 그린다.

2 흰색 아이싱으로 얼굴 면을 채우고, 아이보리 아이싱으로 다리 면을 채운다.

3 흰색 아이싱으로 몸통 라인을 그린다.

4 몸통 면을 채운다.

복슬복슬 양/
골뱅이 양

쿠키 형지 P.139
쿠키 종류 플레인 쿠키
아이싱 반죽
중간 흰색 ◯, 아이보리 ◯
됨 흰색 ◯
부재료 짤주머니, 16번 깍지

1 흰색 아이싱으로 얼굴을, 아이보리 아이싱으로 다리 라인을 사진처럼 그린다.

2 흰색 아이싱으로 얼굴 면을 채우고, 아이보리 아이싱으로 다리 면을 채운다.

5 코코넛 가루에 쿠키를 뒤집어 살짝 찍어 몸통의 털을 표현한다.

6 꼬불꼬불 양은 4단계에서 10분 정도 말리고, 꼬불꼬불한 털 모양을 흰색 아이싱(됨)으로 자유롭게 그린다.

3 16번 깍지를 끼운 짤주머니로 끝을 길게 빼듯이 흰색 아이싱(됨)을 짠다.

4 계속해서 몸통을 빈틈없이 채운다.

5 골뱅이 양은 3단계와 같은 16번 깍지를 끼운 짤주머니에 흰색 아이싱(됨)을 넣어 원형을 그리듯 짜면서 털을 표현한다.

젖소 / 부엉이 / 돼지 / 토끼

모양이 단순하면서도 귀여워 초보자들이
도전하기 쉬운 동물 친구들이에요.
대중적으로 사랑받는 소재여서 쿠키
커터도 구하기 쉽답니다.

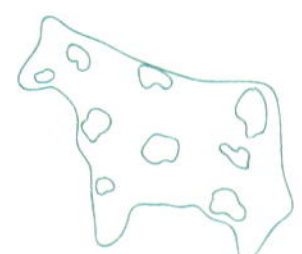

젖소

쿠키 형지 P.138
쿠키 종류 플레인 쿠키
아이싱 반죽
묽음 흰색 ○
됨 검은색 ●

1 흰색 아이싱으로 테두리 라인을 그린다.

2 면을 채우고 이쑤시개로 고르게 편다.

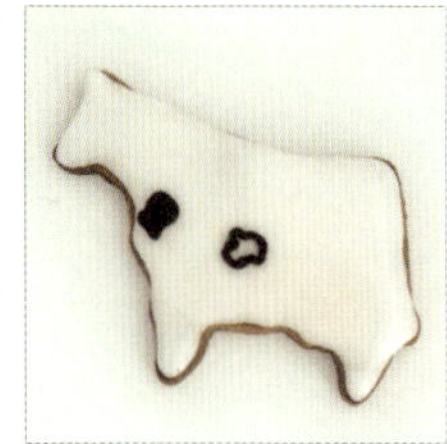

3 10분 정도 말리고, 검은색 아이싱으로 얼룩 무늬를 그린다.

4 무늬를 고르게 그려 완성한다.

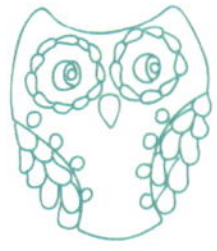

부엉이

쿠키 형지 P.139
쿠키 종류 플레인 쿠키
아이싱 반죽
묽음 보라색 ●, 흰색 ○, 회색 ●,
검은색 ●
됨 보라색 ●, 흰색 ○

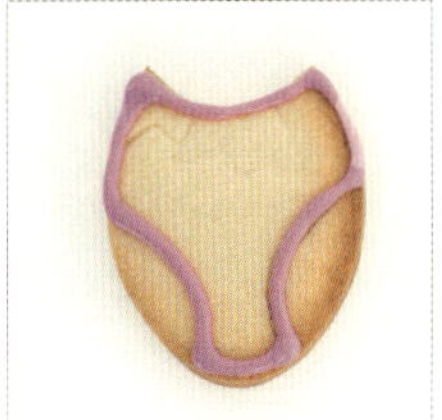

1 보라색 아이싱으로 날개 부분을 제외한 라인을 사진처럼 그린다.

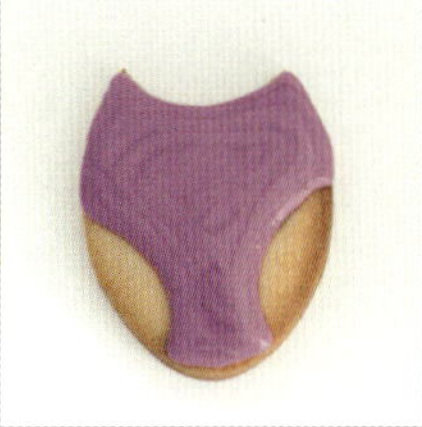

2 면을 채우고 이쑤시개로 고르게 편다.

3 마르기 전에 흰색 아이싱으로 눈을 그리고, 그 위에 회색 아이싱을 작게 짠다.

4 5분 정도 말린 후 날개 부분에 보라색 아이싱(됨)으로 끝을 누르듯이 점을 찍는다.

5 4단계와 같은 방법으로 날개 부분을 채운다.

6 흰자위 테두리에 물방울 모양으로 흰색 아이싱(됨) 점을 찍는다.

7 흰색 아이싱(됨)으로 역삼각형 모양의 코를 그린다.
보라색 아이싱(됨)으로 양쪽 날개 라인을 따라 점을 찍는다.

8 검은색 아이싱으로 눈동자를 그리고, 그 위에 흰색 아이싱(됨)을 아주 작게 짠다.

돼지

쿠키 형지 P.139
쿠키 종류 플레인 쿠키
아이싱 반죽
묽음 분홍색 ●, 흰색 ○,
검은색 ●
됨 분홍색 ●

1 분홍색 아이싱으로 테두리 라인을 그린다.

2 면을 채우고 이쑤시개로 고르게 편다.

3 마르기 전에 흰색 아이싱으로 점을 찍는다.

4 10분 정도 말린 후 검은색 아이싱으로 눈을 그리고, 분홍색 아이싱(됨)으로 콧등, 귀, 꼬리를 그린다.

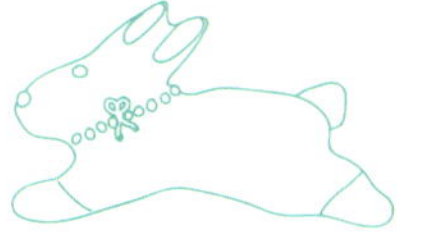

토끼

쿠키 형지 P.139
쿠키 종류 플레인 쿠키
아이싱 반죽
묽음 갈색 ●, 분홍색 ●, 흰색 ○
됨 다홍색 ●

1 갈색 아이싱으로 사진처럼 라인을 그린다.

2 면을 채우고 이쑤시개로 고르게 편다.

3 5분 정도 말린 후 다리와 꼬리를 흰색 아이싱으로 채운다.

4 검은색 아이싱으로 눈을, 갈색 아이싱으로 코를, 분홍색 아이싱으로 귀를 그린다.

5 다홍색 아이싱(됨)으로 점을 찍어 목걸이를 그리고, 그 위에 리본을 그린다.

상큼한 과일

아이들 주방놀이에 좋은 과일 쿠키예요. 레몬, 체리, 바나나, 사과
등을 만들며 상큼한 과일의 맛도 함께 상상해 보아요.

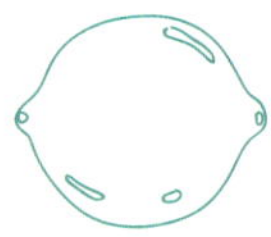

레몬

쿠키 형지 P.139
쿠키 종류 플레인 쿠키
아이싱 반죽
묽음 노란색 ●, 흰색 ○,
검은색 ●

1 노란색 아이싱으로 테
두리 라인을 그린다.

2 면을 채우고 이쑤시개
로 고르게 편다.

3 양 끝을 검은색 아이싱
으로 그리고, 흰색 아이
싱으로 레몬의 한쪽 면
에 살짝 라인을 그린다.

체리

쿠키 형지 P.139
쿠키 종류 플레인 쿠키
아이싱 반죽
묽음 다홍색 ●, 초록색 ●
됨 다홍색 ●, 검은색 ●, 초록색 ●

1 다홍색 아이싱으로 동
그란 부분의 라인을 그
린다.

2 면을 채우고 이쑤시개
로 고르게 편다.

3 잎의 라인을 초록색 아
이싱으로 그린다.

4 잎 안을 채우고 줄기
를 그린다.
10분 정도 말린 후 동
그란 부분의 테두리에
다홍색 아이싱(됨)으
로 끝을 누르듯이 점
을 찍는다.

5 검은색 아이싱으로 글
씨를 쓰고 마무리한다.

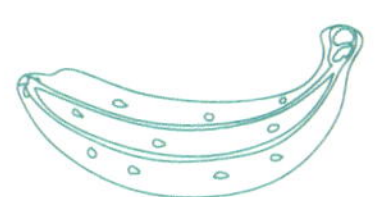

바나나

쿠키 형지 P.139
쿠키 종류 플레인 쿠키
아이싱 반죽
묽음 노란색 ●, 검은색 ●, 초록색 ●
됨 노란색 ●, 검은색 ●

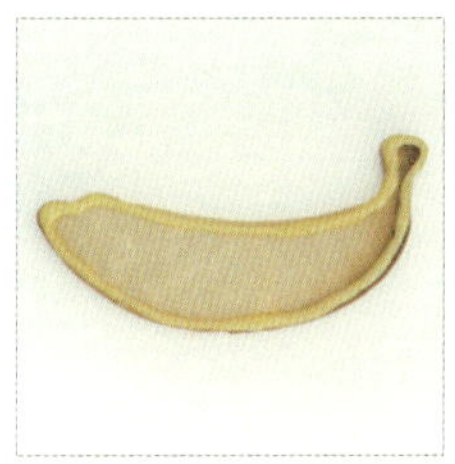

1 노란색 아이싱으로 테두리 라인을 그린다.

2 면을 채우고 이쑤시개로 고르게 편다.

3 바나나 양쪽 끝에 검은색 아이싱을 짜고, 그 위에 초록색 아이싱을 조금 짠다.

4 5분 정도 말린 후 노란색 아이싱(됨)으로 몸통에 두 줄을 긋고, 검은색 아이싱(됨)으로 중간 중간 끝을 누르듯이 점을 찍는다.

사과

쿠키 형지 P.139
쿠키 종류 플레인 쿠키
아이싱 반죽
묽음 빨간색 ●
중간 갈색 ●
됨 노란색 ●, 초록색 ●

1 빨간색 아이싱으로 테두리 라인을 그리고, 꼭지는 갈색으로 그린다.

2 면을 채우고 이쑤시개로 고르게 편다. 사과 잎은 초록색 아이싱으로 처리한다.

3 노란색 아이싱으로 글씨를 쓴다.

Tip

사과 잎 모양 짜는 법
짤주머니에 초록색 아이싱 반죽(됨)을 담는다. 짤주머니의 뿔 끝을 가로로 넓게 자르고 양쪽을 3번처럼 사선으로 자른다. 그러면 4번 모양이 되는데, 이 짤주머니를 사용하면 잎사귀 모양을 쉽게 표현할 수 있다.

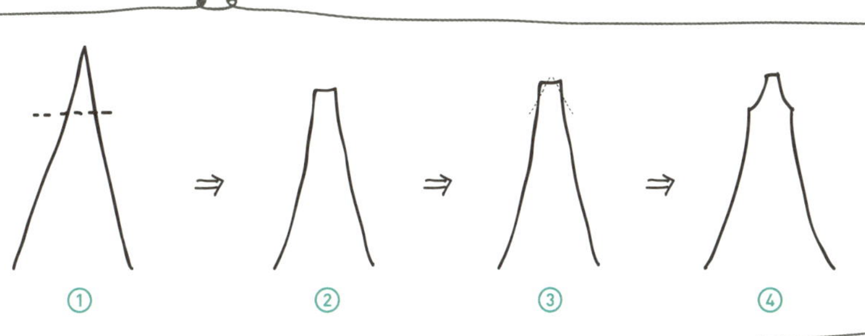

화병

꽃다발 쿠키를 만들다가 '화병에 꽃을 꽂아 볼까?' 하고
응용해 본 아이싱 쿠키예요. 복잡해 보이지만 모양이 같은 꽃을
여러 개 만들면 되기 때문에 어렵지 않아요. 화병의 물과
줄기를 잘 표현하는 게 중요해요.

P.110 참조

꽃

쿠키 형지 P.139
쿠키 종류 플레인 쿠키
아이싱 반죽
묽음 다홍색 ●
됨 노란색 ●

1 다홍색 아이싱으로 테두리 라인을 그린다.

2 면을 채우고 이쑤시개로 고르게 편다.

3 속 꽃잎의 면도 채운다.

4 10분 정도 말린 후 노란색 아이싱으로 튤립 모양의 라인을 완성한다.

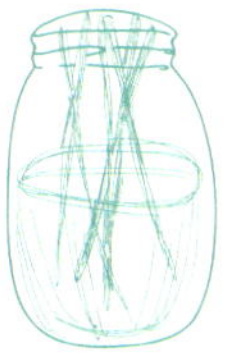

병

쿠키 형지 P.139
쿠키 종류 플레인 쿠키
아이싱 반죽
묽음 하늘색 ●
부재료
식용 색소 초록색 ● , 하늘색 ●

1 하늘색 아이싱으로 테두리 라인을 그린 뒤 면을 채우고 이쑤시개로 고르게 편다.

2 면을 아이싱한 쿠키는 하루 정도 말린 뒤, 하늘색 색소에 물을 섞어 붓으로 화병의 물을 표현한다.

3 초록색 색소에 물을 섞고 붓으로 화병 속 줄기를 표현한다.

4 하늘색 아이싱으로 물병 위쪽에 선을 넣는다.

잎

쿠키 형지 P.139
쿠키 종류 플레인 쿠키
아이싱 반죽
묽음 초록색 ●
부재료
식용색소 초록색 ●

1 초록색 아이싱으로 테두리 라인을 그린다.

2 면을 채우고 이쑤시개로 고르게 편다.

3 반나절 정도 말린 후 물을 섞은 초록색 색소를 붓에 찍어 잎의 앞면을 그린다.

Tip 꽃과 화병 사이의 줄기는 된 반죽의 초록색 아이싱으로 굵게 그린다.

Chapter 3

아이들 세상

아이들 세상에도 귀여운
아이싱 쿠키 소재들이 가득하죠. 아이와 함께
만들어도 좋고 아이가 있는 집에 선물해도
좋은 아이싱 쿠키예요.

겨울옷

아이싱 반죽을 지그재그로
짜 넣어 겨울옷 쿠키를
만들어요. 입고 싶다는 생각이
들 정도로 귀여운 니트 스웨터,
모자, 장갑이에요.
니트 무늬를 원하는 모양으로
바꿔 표현해 보는 것도
재미있어요.

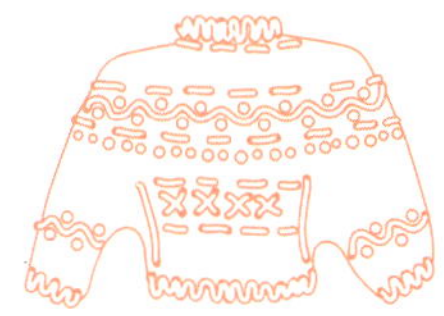

스웨터

쿠키 형지 P.140
쿠키 종류 플레인 쿠키
아이싱 반죽
묽음 하늘색 ●
됨 흰색 ○

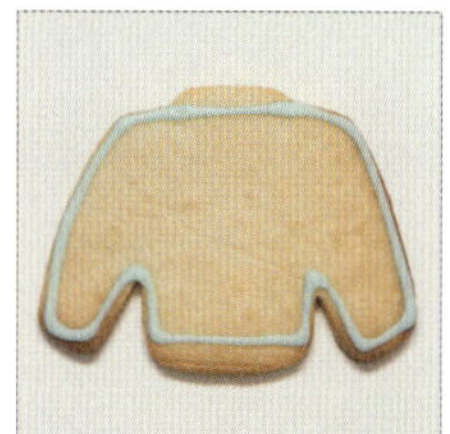

1 목 부분을 남기고 하늘색 아이싱으로 사진처럼 라인을 그린다.

2 면을 채우고 이쑤시개로 고르게 편다.
5분 정도 말린 후에 흰색 아이싱으로 목과 팔, 허리 라인에 물결 모양을 넣는다.

3 10분 정도 말린 후 스웨터 위에 흰색 아이싱으로 사진처럼 무늬를 넣는다.

4 디테일한 무늬를 더한다.

장갑

쿠키 형지 P.140
쿠키 종류 플레인 쿠키
아이싱 반죽
묽음 하늘색 ●
중간 하늘색 ●
부재료 눈 모양 스프링클

1 하늘색 아이싱으로 테두리 라인을 그린 뒤 면을 채운다.

2 하늘색 아이싱(중간)으로 사진처럼 손목 부분과 장갑 위에 세로 라인을 넣는다.

3 하늘색 아이싱(중간)으로 세부 라인을 더 촘촘이 넣는다.

4 세로 선 사이에 물결 모양을 그린다.

모자

쿠키 형지 P.140
쿠키 종류 플레인 쿠키
아이싱 반죽
묽음 하늘색 ●
됨 흰색 ○

1 하늘색 아이싱으로 사진처럼 라인을 그린다. 흰색 아이싱으로 모자 밑부분에 물결 모양을 넣는다.

2 모자 수술 부분에 흰색 아이싱을 X자 모양으로 연속 짜 넣는다.

3 2단계를 반복하면 사진과 같이 모자 수술이 완성된다.
모자 중앙에 세부 장식을 한다.

5 눈 모양 스프링클을 장식한다.

우주복과 턱받이

베이비샤워나 출산 때 선물하기 좋은 아이싱 쿠키예요. 돌잔치 때
케이크나 떡 위에 꽂거나 올려도 근사하답니다. 많이 만들어서
잔치에 참석해준 분들에게 답례품으로 드리는 것도 좋아요.

우주복 핑크

쿠키 형지 P.140
쿠키 종류 플레인 쿠키
아이싱 반죽
묽음 분홍색 ●
중간 흰색 ○
됨 흰색 ○

1 분홍색 아이싱으로 테두리 라인을 그린다.

2 면을 채우고, 이쑤시개로 고르게 편다.

3 흰색 아이싱(중간)으로 테두리 라인을 그린다.

4 칼라와 소매 부분을 장식한다.

5 칼라의 면을 채운다.

6 흰색 아이싱(됨)으로 사진처럼 세부 라인을 더 그려 넣는다.

7 사진처럼 세부 장식을 한다.

우주복 화이트

쿠키 형지 P.140
쿠키 종류 플레인 쿠키
아이싱 반죽
묽음 흰색 ○, 아이보리 ◉
중간 흰색 ○, 아이보리 ◉
부재료 은색 아라잔(소)

1 흰색 아이싱으로 테두리 라인을 그린다.

2 면을 채우고, 이쑤시개로 고르게 편다.

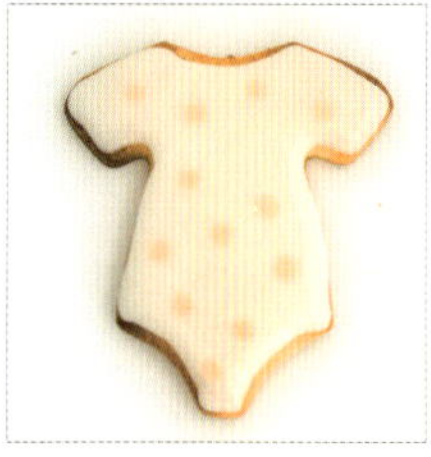

3 아이보리 아이싱으로 점을 찍는다.

4 흰색 아이싱(중간)으로 칼라와 소매를 장식한다.

5 아이보리 아이싱(중간)으로 허리와 소매에 선을 그린다.
흰색 아이싱(중간)으로 사진처럼 장식한다.

6 흰색 아이싱(중간)으로 리본 양옆 부분을 그린다.

7 리본 중앙에 점을 찍고 테두리를 은색 아라잔으로 장식한다.

우주복 그린

쿠키 형지 P.140
쿠키 종류 플레인 쿠키
아이싱 반죽
묽음 민트색 ●, 갈색 ●
중간 노란색 ●, 주황색 ●, 검은색 ●

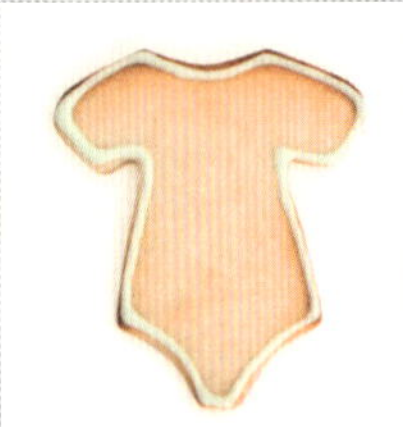

1 민트색 아이싱으로 테두리 라인을 그린다.

2 면을 채우고, 이쑤시개로 고르게 편다.

3 갈색 아이싱으로 점을 찍는다.

4 노란색 아이싱으로 사진처럼 라인을 그린다.

5 노란색 아이싱으로 병아리를 그려서 면을 채운 뒤 다리를 그린다. 2~3분 뒤 주황색 아이싱으로 부리를 그린다.

6 10분 정도 말린 후 노란색 아이싱으로 날개를, 검은색 아이싱으로 눈을 그린다.

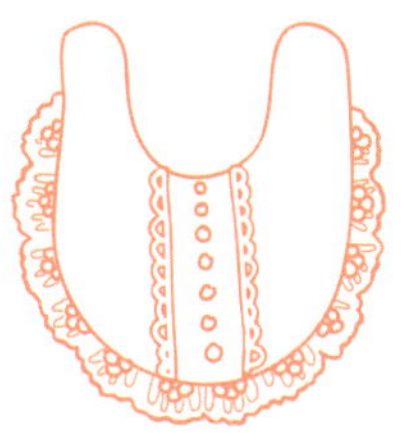

턱받이

쿠키 형지 P.140
쿠키 종류 플레인 쿠키
아이싱 반죽
묽음 흰색 ○
됨 흰색 ○

1 흰색 아이싱을 써서 테두리 라인에 두 칸 정도 웨이브를 그린다.

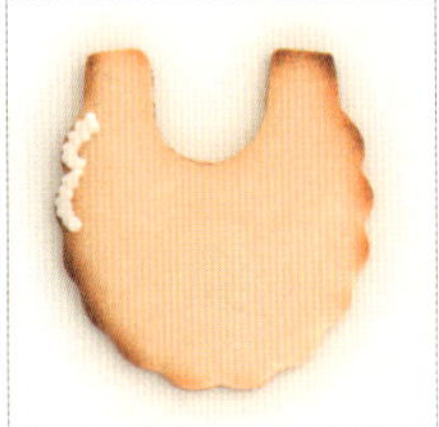

2 물을 살짝 묻힌 붓으로 사진처럼 문지른다.

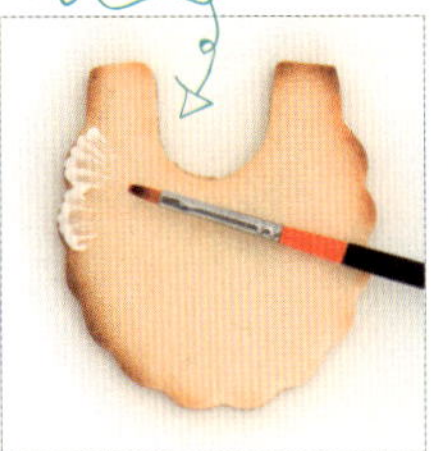

3 1~2단계를 반복해 사진처럼 테두리를 채운다.

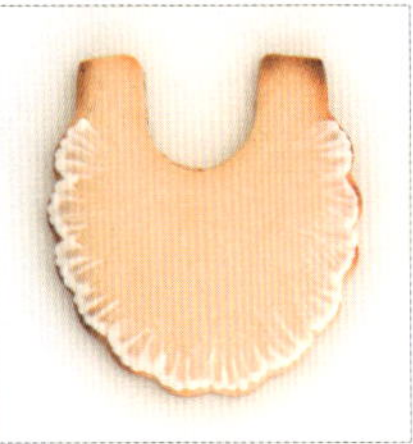

4 사진처럼 라인을 그린다.

5 면을 채우고 이쑤시개로 고르게 편다.

6 10분 정도 말린 후 사진처럼 흰색 아이싱(됨)으로 중앙에 세로선을 길게 그린 뒤, 선 옆에 물결 라인을 넣어 레이스를 표현한다.

7 사진처럼 점을 찍어 장식한다.

8 리본을 붙여 마무리한다.

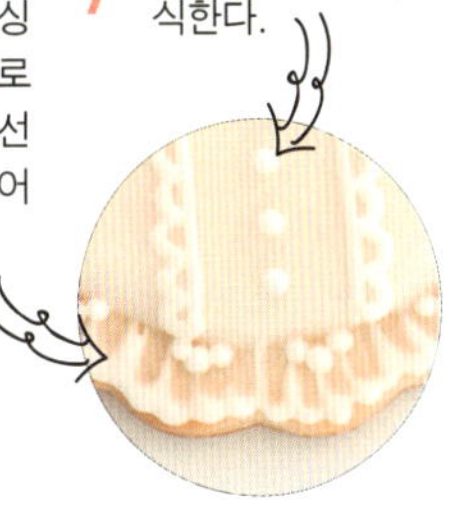

여자아이 옷

어린 시절에는 신데렐라처럼 공주 치마를 한번 입어보는 게
꿈이었죠. 그때 그 바람을 쿠키로 마음껏 표현해 보세요. 얼마든지
화려한 장식을 할 수 있어서 만드는 재미도 크답니다.

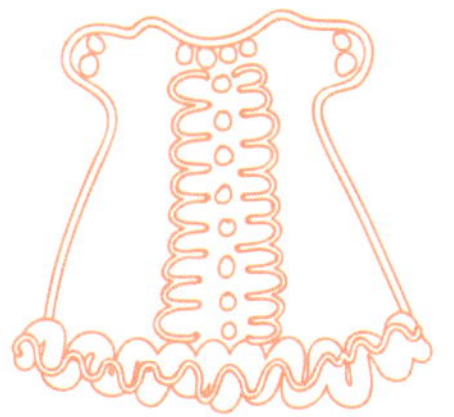

보라색 원피스

쿠키 형지 P.140
쿠키 종류 플레인 쿠키
아이싱 반죽
묽음 흰색 ○, 보라색 ●,
초록색 ●
됨 흰색 ○
부재료 101번 깍지, 짤주머니,
금색 펄 파우더 ●

1 흰색 아이싱으로 테두리 라인을 그리고 면을 채운다.

2 사진처럼 보라색 아이싱을 짠 뒤, 그 위에 바로 흰색 아이싱을 짠다.

3 이쑤시개나 뾰족한 도구로 보라색-흰색 중앙부를 왼쪽, 아래쪽으로 한두 번씩 살살 휘저어 꽃 느낌을 표현한다.

4 꽃 옆에 초록색 아이싱을 사진처럼 짜 넣는다.

5 초록색 위에 흰색 아이싱을 살짝 얹은 뒤 이쑤시개로 끝부분을 건드려 잎사귀를 표현한다.

6 10분 정도 말린 후 흰색 아이싱으로 테두리 라인을 그린다.
흰색 아이싱(됨)으로 사진처럼 지그재그 모양 세로 선을 넣는다.

7 물을 살짝 묻힌 붓으로 사진처럼 가볍게 선을 문지른다.

8 오른쪽도 똑같이 한다.

9 흰색 아이싱(됨)으로 중앙에 점을 찍어 단추를 그린다.

10 101번 깍지를 끼운 짤주머니로 흰색 아이싱(됨)을 러플 모양으로 짠다.

11 반나절 정도 말린 후 금색 펄 파우더에 알코올이나 물을 섞어 붓으로 단추와 러플에 덧칠한다.

핑크색 원피스

쿠키 형지 P.140
쿠키 종류 플레인 쿠키
아이싱 반죽
묽음 분홍색 ●
됨 흰색 ○
부재료 금색 펄 파우더 ●

1 분홍색 아이싱으로 테두리 라인을 그린다.

2 면을 채우고 이쑤시개로 고르게 편다.

3 10분 정도 말린 후 사진처럼 흰색 아이싱으로 장식한다.

4 치마도 사진과 같은 무늬로 장식한다.

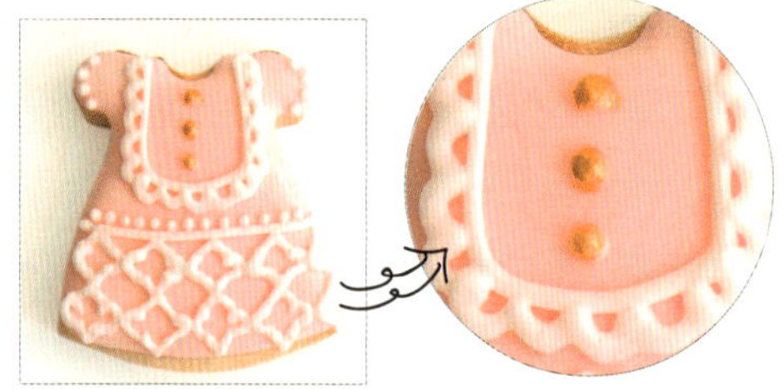

5 치마 장식을 마무리한다. 반나절 정도 말린 후 금색 펄 파우더에 알코올이나 물을 섞고 붓으로 단추에 덧칠한다.

흰색 원피스

쿠키 형지 P.140
쿠키 종류 플레인 쿠키
아이싱 반죽
묽음 흰색 ○
됨 흰색 ○

1 흰색 아이싱으로 테두리 라인을 그린다.

2 면을 채우고 이쑤시개로 고르게 편다.

3 10분 정도 말린 후 흰색 아이싱(됨)으로 칼라와 소매를 장식한다.

4 흰색 아이싱(됨)으로 사진처럼 세부 장식을 한다.

공룡나라

아이들이 좋아하는 공룡 모양 아이싱 쿠키예요. 아이의
생일날, 준비한 생크림 케이크 위에 알록달록한 공룡 쿠키를
장식하면 세상에 하나뿐인 케이크를 선물해 줄 수 있어요.

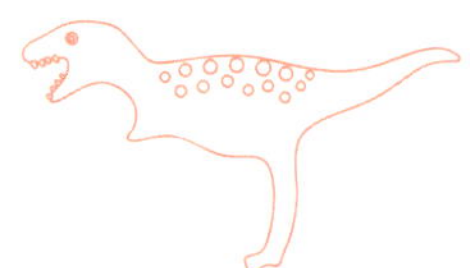

초록 공룡

쿠키 형지 P.140
쿠키 종류 플레인 쿠키
아이싱 반죽
묽음 초록색 ●, 흰색 ○,
검은색 ●

1 초록색 아이싱으로 테두리 라인을 그린다.

2 면을 채우고 이쑤시개로 고르게 편다.

3 마르기 전에 흰색 아이싱으로 등에 점을 찍는다.

4 10분 정도 말린 후 이빨과 눈을 그린다.

5 5분 정도 말린 후 검은색 아이싱으로 눈동자를 그린다.

핑크 익룡

쿠키 형지 P.140
쿠키 종류 플레인 쿠키
아이싱 반죽
묽음 분홍색 ●, 빨간색 ●, 주황색 ●,
흰색 ○, 검은색 ●

1 분홍색 아이싱으로 부리를 제외하고 사진처럼 라인을 그린다. 부리는 주황색으로 채운다.

2 면을 채우고 이쑤시개로 고르게 편다. 양쪽 날개에 빨간색 아이싱으로 크고 작은 점을 찍는다.

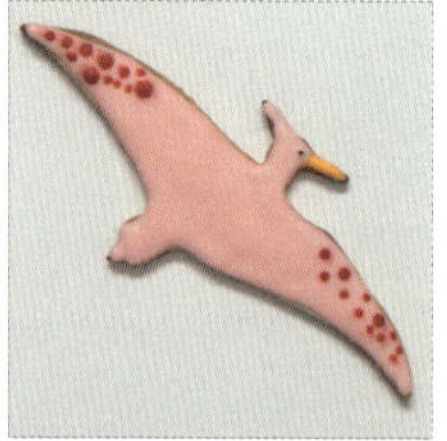

3 흰색 아이싱으로 눈을 그리고, 5분 정도 말린 후 검은색 아이싱으로 눈동자를 그린다.

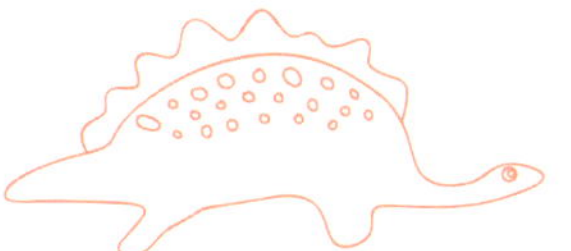

파란 공룡

쿠키 형지 P.140
쿠키 종류 플레인 쿠키
아이싱 반죽
<u>묽음</u> 하늘색 ●, 파란색 ●, 노란색
●, 흰색 ○, 검은색 ●

1 등에 있는 돛을 제외한 나머지 부분에 파란색 아이싱으로 사진처럼 라인을 그린다.

2 면을 채우고 이쑤시개로 고르게 편다. 노란색 아이싱으로 등에 크고 작은 점을 찍는다.

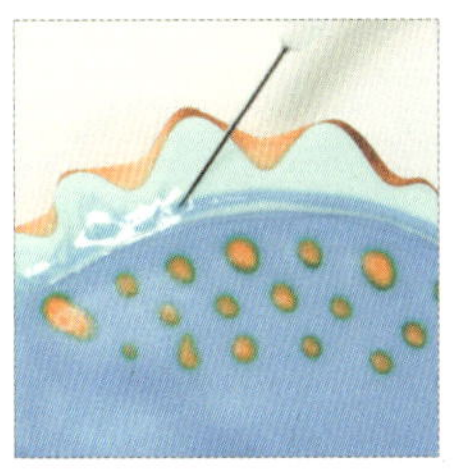

3 10분 정도 말린 후 돛 부분을 하늘색 아이싱으로 채운다. 파란색 아이싱으로 등에 라인을 그린 뒤 이쑤시개로 마블 모양을 만든다.

4 흰색 아이싱으로 눈을 그리고, 5분 정도 말린 후 검은색 아이싱으로 눈동자를 그린다.

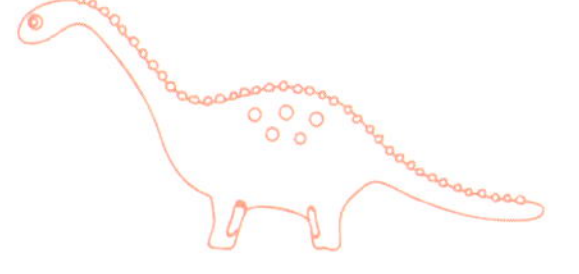

흰색 공룡

쿠키 형지 P.140
쿠키 종류 플레인 쿠키
아이싱 반죽
<u>묽음</u> 하늘색 ●, 파란색 ●,
흰색 ○, 검은색 ●
<u>됨</u> 파란색 ●

1 사진과 같이 돌기 부분의 공간을 남기고, 하늘색 아이싱으로 라인을 그린다.

2 면을 채우고 이쑤시개로 고르게 편다.

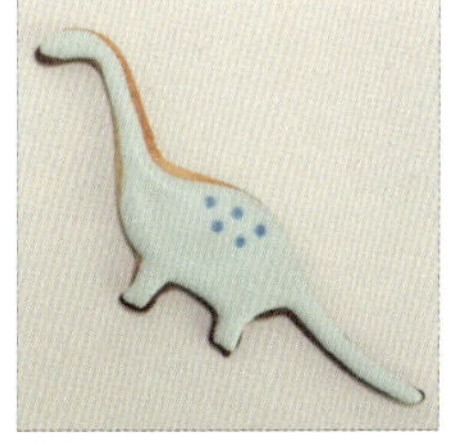

3 파란색 아이싱으로 등에 점을 찍는다.

4 10분 정도 말린 후 파란색 아이싱(됨)으로 돌기에 점을 찍는다.

5 흰색 아이싱으로 눈을 그리고, 5분 정도 말린 후 검은색 아이싱으로 눈동자를 그린다.

자동차

경찰차, 소방차부터 버스, 비행기까지 다양한 자동차를 만들어요.
디테일한 부분까지 그려 넣으면 장난감 자동차 못지않아요.

덤프트럭

쿠키 형지 P.141
쿠키 종류 플레인 쿠키
아이싱 반죽
묽음 노란색 ●, 주황색 ●,
흰색 ○, 검은색 ●, 갈색 ●
됨 노란색 ●, 주황색 ●
부재료 초콜릿 버미셸리(스프링클)

1 식용펜으로 사진처럼 밑그림을 그린다.

2 앞 창문과 아랫부분 턱을 흰색 아이싱으로 채운다.
5분 정도 말린 후 본체에 주황색 아이싱으로 라인을 그려 면을 채운다.

3 상단의 적재함 부분에 사진처럼 노란색 아이싱으로 라인을 그린다.
바퀴는 검은색으로 라인을 그리고 면을 채운다.

4 노란색 아이싱으로 적재함의 면을 채우고, 10분 정도 말린 후 사진처럼 노란색과 주황색 아이싱(됨)으로 라인을 그린다.
바퀴 중앙에는 주황색 아이싱(됨)으로 점을 찍는다.

5 사진처럼 노란색 아이싱(됨)으로 라인을 그려 적재함 하단을 표현한다.

6 흰색 아이싱을 적재함 위쪽에 살짝 짜고, 초콜릿 버미셸리를 붙인다.

7 갈색 아이싱을 작은 접시에 덜고, 붓을 이용해 사진처럼 덧칠한다.

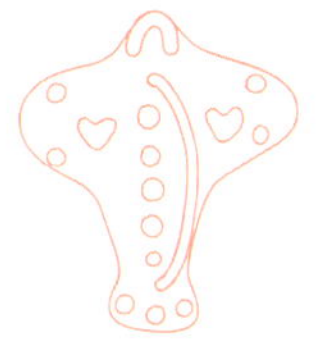

비행기

쿠키 형지 P.141
쿠키 종류 플레인 쿠키
아이싱 반죽
묽음 흰색 ○
중간 빨간색 ●, 파란색 ●

1 흰색 아이싱으로 테두리 라인을 그리고 면을 채운다.

2 10분 정도 말린 후 파란색 아이싱으로 점을 찍어 창문을 그린다.
흰색 아이싱으로 사진처럼 세부 장식을 한다.

3 빨간색 아이싱으로 양 날개에 하트를 그린다.

소방차

쿠키 형지 P.141
쿠키 종류 플레인 쿠키
아이싱 반죽
묽음 빨간색 ●, 노란색 ●,
하늘색 ●, 흰색 ○
됨 노란색 ●, 빨간색 ●

1 식용펜으로 사진처럼
밑그림을 그린다.
하늘색 아이싱으로 창
문을, 검은색 아이싱으
로 턱의 면을 채운다.

2 검은색 아이싱으로 바퀴
의 면을 채운다.

3 10분 정도 말린 후 빨
간색 아이싱으로 사진
처럼 면 전체를 채운다.

4 사진처럼 세부 장식을
한다.
소방 호수는 노란색 아
이싱(됨)으로 그린다.

구급차

쿠키 형지 P.141
쿠키 종류 플레인 쿠키
아이싱 반죽
묽음 흰색 ○, 하늘색 ●, 빨간색 ●,
검은색 ●, 파란색 ●

1 식용펜으로 사진처럼
밑그림을 그린다.
창문, 바퀴, 응급등의
라인을 하늘색, 검은
색, 빨간색 아이싱으
로 각각 그리고 면을
채운다.

2 10분 정도 말린 후 흰
색 아이싱으로 차 뚜껑
을, 빨간색 아이싱으로
차 중앙 라인을 그리고
면을 채운다.
바퀴 중앙은 흰색 아이
싱으로 점을 찍는다.

3 10분 정도 말린 후 구
급차 전체에 흰색 아이
싱으로 라인을 그리고
면을 채운다.

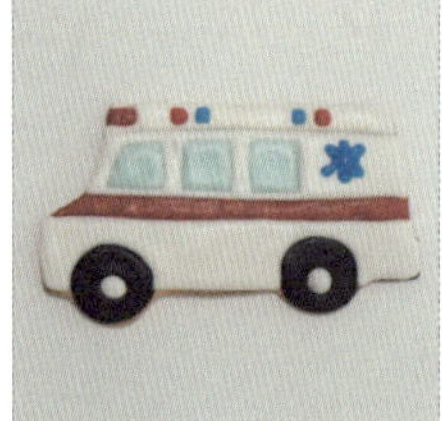

4 사진처럼 세부 장식을
한다.

경찰차

쿠키 형지 P.141
쿠키 종류 플레인 쿠키
아이싱 반죽
묽음 검은색 ●, 하늘색 ●,
파란색 ●, 흰색 ○, 빨간색 ●

1 식용펜으로 사진처럼
밑그림을 그린다.

2 하늘색과 검은색 아이
싱으로 각각 창문과 바
퀴 라인을 그린 뒤 면을
채운다.

3 10분 정도 말린 후 흰색
아이싱으로 차 문의 라인
을 그리고 면을 채운다.

4 10분 정도 말린 후 파
란색과 빨간색 아이싱
으로 등을 그린다.
검은색 아이싱으로 사
진처럼 차 몸통의 라인
을 그린다.

5 5분 정도 말린 후 검은색 아이싱으로 차 몸통의 면을 채운다.

6 10분 정도 말린 후 차 문의 라인을 한 번 더 검은색 아이싱으로 그린다.
사진처럼 세부 장식을 하고 글씨를 쓴다.

스쿨버스

쿠키 형지 P.141
쿠키 종류 플레인 쿠키
아이싱 반죽
묽음 노란색 ●, 하늘색 ●,
검은색 ●
됨 노란색 ●

1 식용펜으로 사진처럼 밑그림을 그린다.
하늘색과 검은색 아이싱으로 각각 창문과 바퀴 라인을 그리고 면을 채운다.

2 10분 정도 말린 후 버스 전체를 노란색 아이싱으로 그리고 면을 채운다.
흰색 아이싱으로 바퀴 안쪽 면을 채운다.

3 10분 정도 말린 후 바퀴 위에 흰색 아이싱으로 턱을 그려 면을 채우고, 노란색 아이싱(됨)으로 라인을 그리고 면을 채운다.

4 차 옆면에 검은색 아이싱으로 사진처럼 라인을 그리고 면을 채운다.

5 5~6시간 정도 말린 후 식용펜으로 글씨를 쓴다.

백설공주

공주를 좋아하는 꼬마 숙녀들을 위한 쿠키예요.
아이가 요술봉을 갖고 싶다고 노래를 불러 만들다가
공주 옷까지 만들게 되었어요.

P.96 참조

백설공주 드레스

쿠키 형지 P.142
쿠키 종류 플레인 쿠키
아이싱 반죽
묽음 노란색 , 파란색
됨 노란색 ,
빨간색 , 하늘색

1 파란색 아이싱으로 몸통 라인을 그린 뒤 사진처럼 면을 채운다.

2 5분 정도 말린 후, 소매 라인을 그린 뒤 사진처럼 면을 채운다.

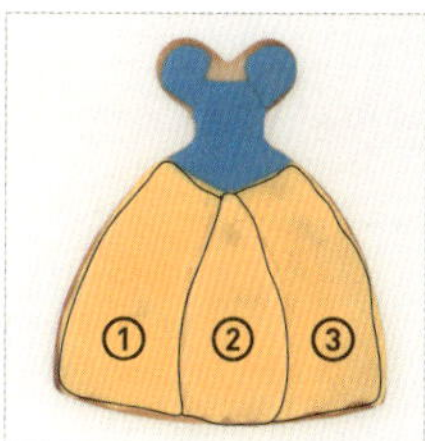

3 10분 정도 말린 후 노란색 아이싱으로 ①, ③ 라인을 그린 뒤 면을 채운다.
5분 정도 말린 후 ② 라인을 그린 뒤 면을 채운다. 이렇게 나눠 그려야 드레스 라인이 산다.

4 소매 밑단은 하늘색 아이싱(됨)으로 사진처럼 장식한다.
허리 라인은 노란색(됨)으로, 소매 위에는 빨간색(됨)으로 올챙이처럼 반죽을 길게 빼서 누르듯 짠다.
드레스 가슴 윗면에 파란색(됨)으로 한 번 라인을 그린다. 가슴 중앙에는 노란색 아이싱(됨)으로 세로 선을 넣는다.

백설공주 사과

쿠키 형지 P.142
쿠키 종류 플레인 쿠키
아이싱 반죽
묽음 빨간색 , 노란색 ,
갈색 , 초록색

1 한 입 베어 먹은 사과를 표현하기 위해 빨간색 아이싱으로 사진처럼 라인을 그린다.

2 면을 채우고 이쑤시개로 고르게 편다.

3 노란색 아이싱으로 사진처럼 라인을 그린다.

4 웨이브 넣은 부분도 라인 따라 그린다.
초록색 아이싱으로 잎사귀를, 갈색 아이싱으로 꼭지를 그린다.

과일바구니

쿠키 형지 P.142
쿠키 종류 플레인 쿠키
아이싱 반죽
됨 갈색 ●, 빨간색 ●,
초록색 ●, 검은색 ●
부재료 짤주머니, 48번 깍지

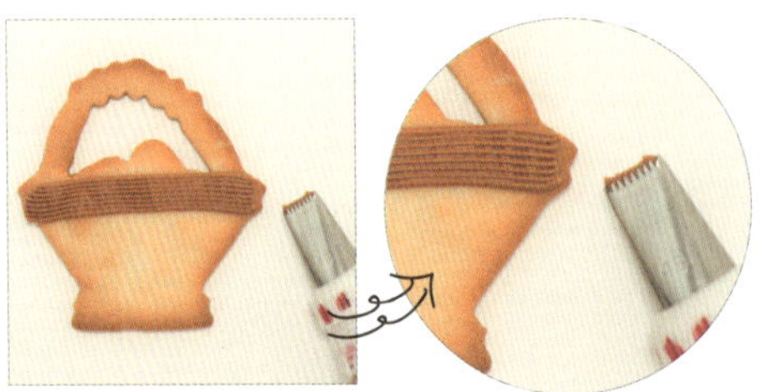

1 48번 깍지를 끼우고 갈색 아이싱을 넣은 짤주머니를 준비한다. 사진처럼 중앙에 가로로 길게 짠다.

2 세로로 간격을 두고 사진처럼 길게 짠다.

3 가로로 다시 길게 짠다.

4 빈 공간을 짧게 짜서 메꾼다.

5 다시 한 번 가로로 3줄 정도 길게 짠다.

6 갈색 아이싱을 손잡이에 X자 모양으로 짠다.

7 빨간색 아이싱으로 사진처럼 동그랗게 사과 모양을 그린다.

8 초록색, 검은색, 갈색 아이싱으로 사진처럼 잎사귀와 사과 꼭지를 그려 장식한다.

신데렐라

신데렐라를 꿈꾸는 건 아이나 어른이나 마찬가지일 거예요.
왕관, 유리 구두, 마차, 드레스까지, 동화 속
화려한 아이템의 주인공이 되어 보아요.

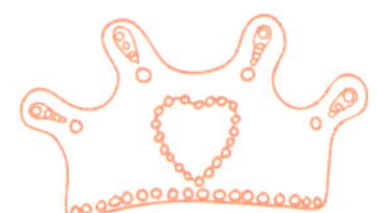

왕관

쿠키 형지 P.143
쿠키 종류 플레인 쿠키
아이싱 반죽
묽음 하늘색 ●
중간 파란색 ●, 노란색 ●

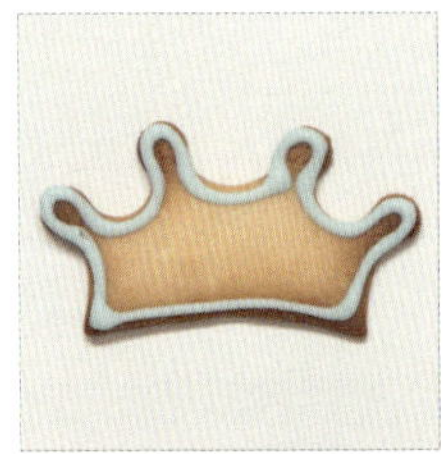

1 하늘색 아이싱으로 테두리 라인을 그린다.

2 면을 채우고 이쑤시개로 고르게 편다.

3 10분 정도 말린 후 사진처럼 파란색 아이싱으로 물방울 모양을 그리고 점을 찍는다. 하트도 그려 넣는다.

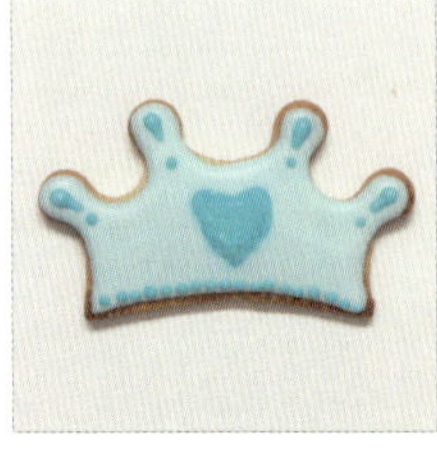

4 5분 정도 말린 후 이쑤시개로 하트 겉면을 살살 건드려 유리조각 같은 느낌을 낸다.

마차

쿠키 형지 P.143
쿠키 종류 플레인 쿠키
아이싱 반죽
묽음 노란색 ●
됨 흰색 ○
부재료 16번 깍지, 짤주머니

1 노란색 아이싱으로 사진처럼 라인을 그린다.

2 면을 채우고 이쑤시개로 고르게 편다.
10분 정도 말린 후 흰색 아이싱으로 사진처럼 여러 모양의 곡선을 그린다.

3 16번 깍지를 끼운 짤주머니에 흰색 아이싱을 넣고, 바퀴 테두리를 한 바퀴 돌려 짠다.
같은 색으로 바퀴살을 그리고, 사진처럼 세부 장식을 한다.

5 노란색과 하늘색 아이싱으로 사진처럼 디테일하게 장식한다.

신데렐라 드레스

쿠키 형지 P.143
쿠키 종류 플레인 쿠키
아이싱 반죽
묽음 하늘색 ●, 연하늘색 ●

1 소매를 제외한 부분에 하늘색 아이싱으로 사진처럼 라인을 그린다.

2 드레스 볼륨을 주기 위해 몸통과 드레스 ①, ③, ⑤ 라인 먼저 면을 채운다.

3 5분 정도 말린 후 나머지 면을 채운다.
연하늘색 아이싱으로 소매를 그린다.

4 드레스 드레이퍼 부분도 마찬가지로 볼륨을 주기 위해 ① 라인을 그리고 면을 채운다.
5분 간격으로 ②, ③ 라인까지 채운다.

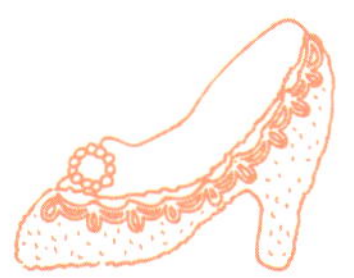

신데렐라 구두

쿠키 형지 P.143
쿠키 종류 플레인 쿠키
아이싱 반죽
묽음 흰색 ○
됨 흰색 ○
부재료 스파클링슈거,
은색 아라잔(중), 금색 펄 파우더

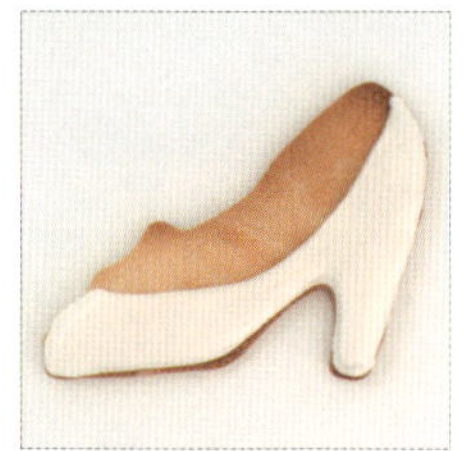

1 흰색 아이싱으로 사진처럼 라인을 그린 뒤, 면을 채우고 이쑤시개로 고르게 편다.

2 마르기 전에 스파클링 슈거 위로 쿠키를 뒤집어서 골고루 묻힌다.

3 흰색 아이싱을 사진처럼 도톰하게 만든다.

4 테두리에 은색 아라잔을 붙여 장식한다.

5 은색 아라잔으로 장식한 모습.

6 흰색 아이싱(됨)으로 구두에 물결 라인을 그린다.

7 사진처럼 물결 라인 사이사이에 물방울 모양을 그린다.

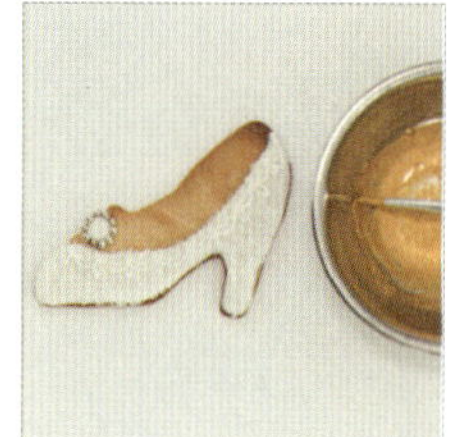

8 금색 펄 파우더에 알코올이나 물을 섞어 준비한다.

9 반나절 정도 말린 후 8단계에서 준비한 금색 펄 파우더를 물결 라인과 물방울 라인에 붓으로 덧칠한다.

bowl

Chapter 4

따뜻한 일상

일상에 등장하는 소품들을 쿠키로 표현해
보아요. 익숙한 먹거리, 도구들이어서인지
더 친근하고 사랑스러워요.

맛있는 디저트 타임

입이 즐겁고 눈이 즐거운 디저트들을
쿠키로 표현해 보아요. 아이스크림 모양 쿠키에서는
왠지 아이스크림 맛이 날 것 같아요.

P.85 참조

쿠키병

쿠키 형지 P.144
쿠키 종류 플레인 쿠키
아이싱 반죽
묶음 빨간색 ●, 하늘색 ●,
갈색 ●, 진갈색 ●
중간 빨간색 ●

1 하늘색과 빨간색 아이싱으로 사진처럼 라인을 그린다.

2 면을 채우고 이쑤시개로 고르게 편다.

3 갈색 아이싱으로 사진처럼 동그랗게 그린다. 빨간색 아이싱(중간)으로 뚜껑에 라인을 그린다.

4 진갈색 아이싱으로 초코칩을 그린다.
하늘색 아이싱으로 사진처럼 쿠키병에 살짝 라인을 넣어 광택 느낌을 표현한다.

쿠키

쿠키 형지 P.144
쿠키 종류 플레인 쿠키
아이싱 반죽
묶음 갈색 ●, 진갈색 ●

1 갈색 아이싱으로 테두리 라인을 그린다.

2 면을 채우고 이쑤시개로 고르게 편다.
마르지 않은 상태에서 진갈색 아이싱으로 점을 찍는다.

딸기 아이스크림

쿠키 형지 P.144
쿠키 종류 코코아 쿠키
아이싱 반죽
묶음 갈색 ●, 분홍색 ●,
연노란색 ●
됨 진갈색 ●
부재료 스프링클

1 연노란색과 갈색 아이싱으로 사진처럼 라인을 그린다.

2 윗 부분은 면을 채우고 이쑤시개로 고르게 편다. 아랫부분은 갈색 아이싱으로 면을 채운다. 10분 정도 말린 후 진갈색 아이싱으로 사진처럼 사선을 그린다.

3 진갈색 아이싱으로 반대쪽 사선을 같은 방법으로 그린다.
10분 정도 말린 후 분홍색 아이싱으로 윗부분을 사진처럼 그린다.

4 노란색과 분홍색 아이싱으로 사진처럼 그리고, 스프링클로 장식한다.

초코 아이스크림

쿠키 형지 P.144
쿠키 종류 코코아 쿠키
아이싱 반죽
묽음 진갈색 ●, 갈색 ●, 분홍색 ●,
연노란색 ●
됨 진갈색 ●, 분홍색 ●
부재료 원형 스프링클(중)

1 진갈색, 분홍색, 연노란색, 갈색 아이싱으로 사진처럼 라인을 그린다.

2 각각의 색으로 면을 채우고 이쑤시개로 고르게 편다.
10분 정도 말린 후 진갈색 아이싱으로 사선을 그린다. 반대쪽 사선도 같은 방법으로 그린다.

3 진갈색, 분홍색, 아이싱면 하단에 사진처럼 진갈색(됨), 분홍색(됨) 아이싱을 짜넣고 2분쯤 뒤에 이쑤시개로 가볍게 휘저어 자연스런 모양을 낸다.

4 연노란색 아이싱으로 흐르는 아이스크림 느낌을 표현하고, 원형 스프링클로 장식한다.

컵케이크

쿠키 형지 P.144
쿠키 종류 플레인 쿠키
아이싱 반죽
묽음 흰색 ○, 분홍색 ●, 진갈색 ●
됨 흰색 ○
부재료 하트 스프링클

1 분홍색 아이싱으로 사진처럼 라인을 그린다.

2 면을 채우고 이쑤시개로 고르게 편다.

3 마르기 전에 진갈색 아이싱으로 점을 찍는다.

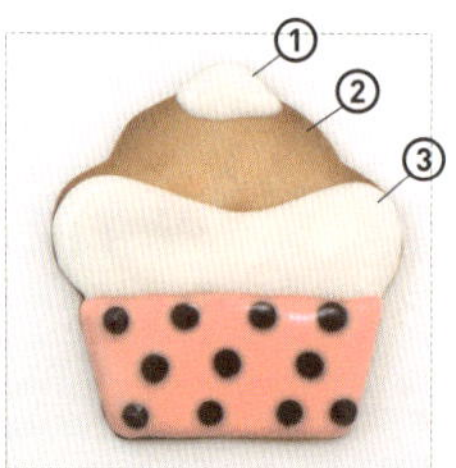

4 흰색 아이싱으로 컵케이크 윗면 ①과 ③에 먼저 라인을 그리고 면을 채운다.

5 5분 정도 말린 후 흰색 아이싱으로 남은 ②의 면을 채운다.
흰색 아이싱(됨)으로 사진처럼 라인을 그린다.

6 흰색 아이싱(됨)으로 사진처럼 세부 라인을 그린다.

7 하트 스프링클로 장식한다.

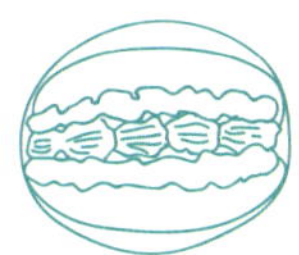

분홍색 마카롱/
하늘색 마카롱

쿠키 형지 P.144
쿠키 종류 플레인 쿠키
아이싱 반죽
중간 분홍색 ●, 하늘색 ●
됨 흰색 ○, 분홍색 ●, 하늘색 ●
부재료 16번 깍지, 짤주머니

1 분홍색 아이싱으로 위 아래 라인을 사진처럼 그린다.

2 분홍색 아이싱으로 면을 채운다.
5분 정도 말린 후 16번 깍지를 끼운 짤주머니에 흰색 아이싱을 담아 사진처럼 가운데 라인을 채운다.

3 분홍색 아이싱(됨)으로 사진처럼 위아래에 굵은 선을 그린다.
2분 정도 말리고 이쑤시개로 한두 번 가볍게 휘젓는다.

4 하늘색 마카롱도 같은 방법으로 만드는데, 가운데는 모양 깍지를 사용하지 않고 아이싱만 채워 만든다.

브런치

차를 마시며 근사한 브런치 타임을 즐겨요.
식빵 쿠키는 만드는 사람마다 좋아했던
재미있는 작품이에요.

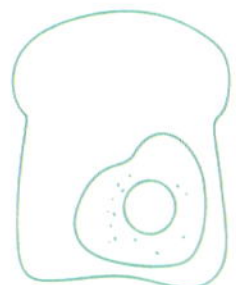

계란 토스트

쿠키 형지 P.144
쿠키 종류 플레인 쿠키
아이싱 반죽
묽음 흰색 ◯, 노란색 🟡
부재료 후추

1 흰색 아이싱으로 사진처럼 라인을 그린다.

2 면을 채우고 이쑤시개로 고르게 편다.

3 10분 정도 말린 후 그 위에 노란색 아이싱으로 달걀 노른자를 그린다.

4 후추를 한 꼬집 뿌린다.

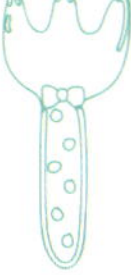

포크

쿠키 형지 P.144
쿠키 종류 플레인 쿠키
아이싱 반죽
묽음 민트색 🟢
중간 흰색 ◯

1 민트색 아이싱으로 테두리 라인을 그리고 면을 채운다.

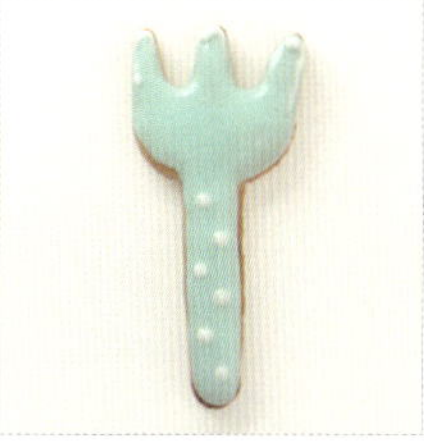

2 마르기 전에 흰색 아이싱으로 손잡이 부분에 점을 찍는다.
상단은 라인으로 장식한다.

3 흰색 아이싱으로 포크 목에 리본을 그린다.

4 민트색으로 사진처럼 손잡이에 라인을 그린다.

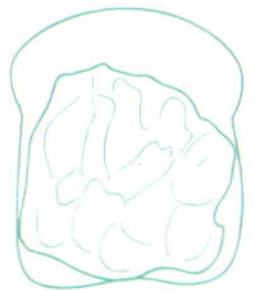

잼 토스트

쿠키 형지 P.144
쿠키 종류 플레인 쿠키
아이싱 반죽
중간 빨간색 🔴

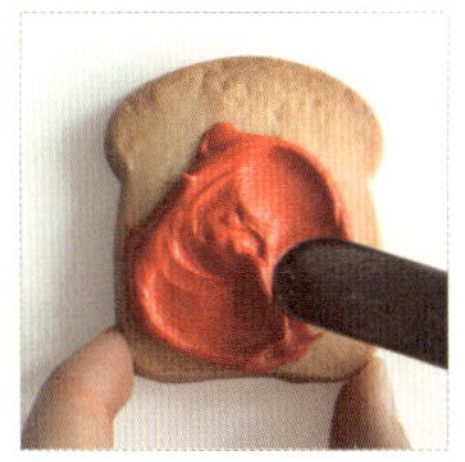

1 토스트에 잼을 바르듯 빨간색 아이싱을 식빵 모양 쿠키 위에 스패출러로 펴 바른다.

2 완성한 모습.

티잔/티포트

쿠키 형지 P.144
쿠키 종류 플레인 쿠키
아이싱 반죽
묽음 하늘색 ●, 분홍색 ●,
흰색 ○, 초록색 ●, 빨간색 ●
됨 흰색 ○

1 식용펜으로 사진처럼 밑그림을 그린다.

2 하늘색 아이싱으로 사진처럼 라인을 그린다.

3 하늘색 아이싱으로 면을 채운다.

4 마르기 전에 흰색 아이싱으로 점을 찍는다.

5 서로 붙지 않게 사진처럼 띄엄띄엄 그린다.

6 면을 다 채운다.

7 하늘색 아이싱으로 손잡이와 밑판에 라인을 그리고 면을 채운다.

8 10분 정도 말린 후 사진처럼 흰색 아이싱(됨)으로 세부 라인을 그린다.

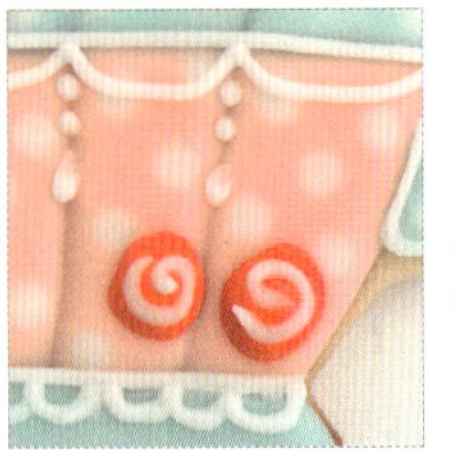

9 빨간색 아이싱으로 점을 찍고, 그 위에 흰색 아이싱을 사진처럼 짠다.

10 이쑤시개로 한두 번 휘저어 장미꽃처럼 만든다.
초록색 아이싱으로 잎을 그리고, 그 위에 흰색 아이싱을 살짝 짠다. 이쑤시개로 살짝 휘저어 사진처럼 만든다.

11 티포트도 티잔과 같은 방법으로 만든다.

신나는 베이킹 타임

친구에게 선물하려고 만들어 본 베이킹 도구 쿠키들이에요.
같은 모양의 쿠키 커터가 없어서, 스케치북에 그림을 그리고 모양대로
틀을 만들어 쿠키를 완성했어요. 쿠키 커터 없이도 원하는 쿠키를 만드는
유용한 방법이에요(P.19 참조).

슈거 양념통

쿠키 형지 P.144
쿠키 종류 플레인 쿠키
아이싱 반죽
묽음 회색 ●, 흰색 ○
됨 회색 ●
부재료 스파클링슈거, 은색 펄 파우더

1 흰색 아이싱으로 사진 처럼 라인을 그린다.

2 흰색 아이싱으로 면을 채운다. 마르기 전에 스파클링슈거 위에 쿠 키를 뒤집어 살짝 눌러 슈거를 골고루 묻힌다.

3 회색 아이싱으로 뚜껑 을 그리고 면을 채운다.

4 5분 정도 말린 후 회색 아이싱(됨)으로 사진 처럼 뚜껑 하단에 점을 찍고, 글자를 쓴다. 하루 정도 말리고 은색 펄 파우더에 물이나 알 코올을 섞어 붓으로 덧 칠한다.

오븐팬

쿠키 형지 P.144
쿠키 종류 플레인 쿠키
아이싱 반죽
묽음 회색 ●, 갈색 ●
됨 회색 ●
부재료 은색 펄 파우더

1 회색 아이싱으로 테두 리 라인을 그리고 면을 채워나간다.

2 10분 정도 말린 후 회 색 아이싱(됨)으로 사 진처럼 라인을 그린다.

3 갈색 아이싱으로 여러 개의 하트를 그린다.

4 5~6시간 정도 말린 후 은색 펄 파우더에 물이 나 알코올을 섞어 붓으 로 덧칠한다.

믹서

쿠키 형지 P.145
쿠키 종류 플레인 쿠키
아이싱 반죽
묽음 회색 ●, 분홍색 ●, 연분홍색 ●
됨 연분홍색 ●, 회색 ●

1 식용펜으로 사진처럼 밑그림을 그린다. 분홍색 아이싱으로 사 진처럼 라인을 그리고 면을 채운다.

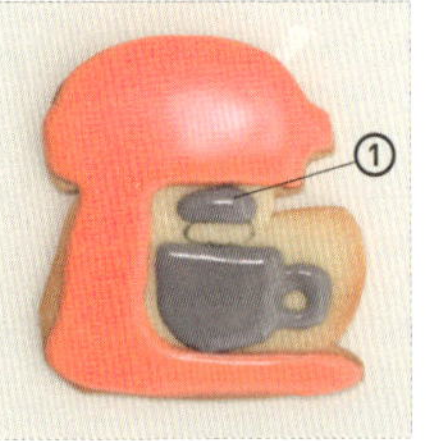

2 5분 정도 말린 후 회색 아이싱으로 믹싱볼과 ①의 라인을 그리고 면을 채운다.

3 연분홍색 아이싱(됨)으 로 사진처럼 라인을 그 린다.

4 회색 아이싱으로 ②의 라인을 그리고 면을 채 운다. 연분홍색 아이싱(됨)과 회색 아이싱(됨)으로 사진처럼 세부 장식을 한다.

앞치마

쿠키 형지 P.145
쿠키 종류 코코아 쿠키
아이싱 반죽
묶음 회색 ●, 연분홍색 ●
됨 연분홍색 ●
부재료 리본

1 회색 아이싱으로 테두리 라인을 그린다.

2 회색 아이싱으로 면을 채우고, 연분홍색 아이싱으로 점을 찍는다.

3 연분홍색 아이싱(됨)으로 사진처럼 세부 장식을 한다.

4 리본을 붙인다.

오븐 장갑

쿠키 형지 P.145
쿠키 종류 코코아 쿠키
아이싱 반죽
묶음 분홍색 ●
됨 분홍색 ●
부재료 은색 아라잔(소), 101번 깍지, 짤주머니, 꽃받침

1 분홍색 아이싱으로 사진처럼 라인을 그린다.

2 서로 붙지 않게 띄엄띄엄 면을 채운다.

3 5분 정도 말린 후 나머지 면을 마저 채운다. 사진처럼 은색 아라잔을 붙여 장식한다.

4 분홍색 아이싱(됨)으로 사진처럼 라인 세 줄을 그린다.
101번 깍지를 끼운 짤주머니에 분홍색 아이싱(됨)을 넣고, 사진과 같은 꽃을 만들어 하루 정도 말린 후 쿠키 위에 붙인다.

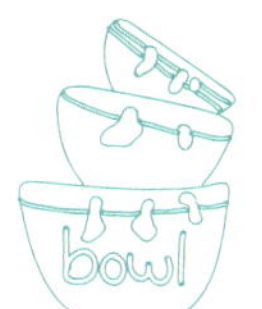

믹싱볼

쿠키 형지 P.144
쿠키 종류 플레인 쿠키
아이싱 반죽
묶음 회색 ●, 갈색 ●, 분홍색 ●
됨 회색 ●
부재료 은색 펄 파우더

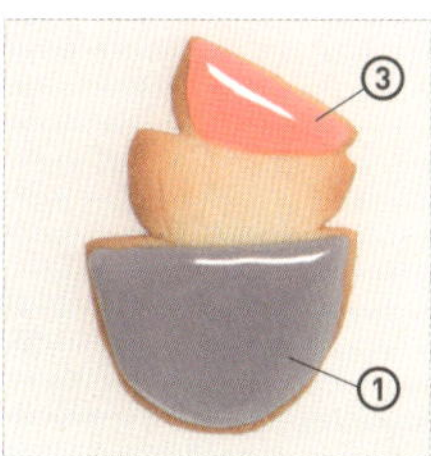

1 회색과 분홍색 아이싱으로 ①과 ③의 그릇에 라인을 그리고 면을 채운다.

2 5분 정도 말린 후 회색 아이싱으로 나머지 ②에 라인을 그리고 면을 채운다.

3 10분 정도 말리고 회색 아이싱(됨)으로 사진처럼 라인을 그리고 글씨를 쓴다.
갈색 아이싱으로 점을 찍는다.
5~6시간 정도 말린 후 은색 펄 파우더로 라인에 덧칠한다.

뚝딱뚝딱 DIY

집안에 한두 개쯤은 있을 연장들이에요. 금속 부분에 은색
펄 파우더를 칠하면 진짜 연장 느낌이 나요. 펄 파우더가
없다고요? 걱정하지 마세요. 쿠킨데 아무렴 어때요.
다른 색으로 재미있게 표현하면 되죠.

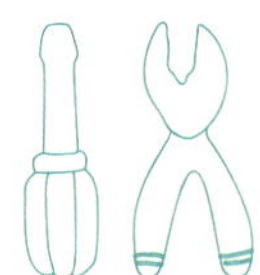

드라이버/펜치

쿠키 형지 P.146
쿠키 종류 플레인 쿠키
아이싱 반죽
<u>묶음</u> 회색 ●, 빨간색 ●
부재료 은색 펄 파우더

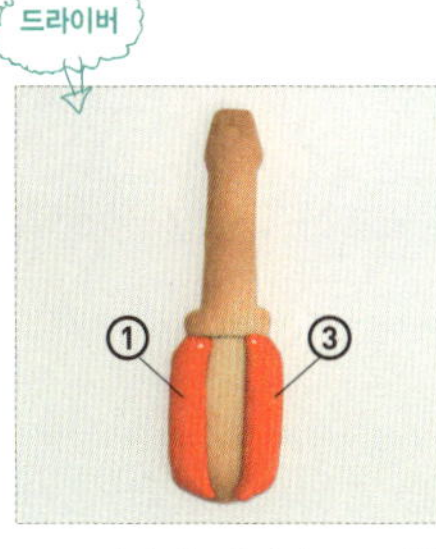

1 빨간색 아이싱으로 ①과 ③의 라인을 그리고 면을 채운다.

2 5분 정도 말린 후 빨간색 아이싱으로 남은 부분에 라인을 그린 후 면을 채우고, 바로 윗부분도 라인을 그리고 면을 채운다.

3 5분 정도 말린 후 상단에 회색 아이싱으로 라인을 그리고 면을 채운다.

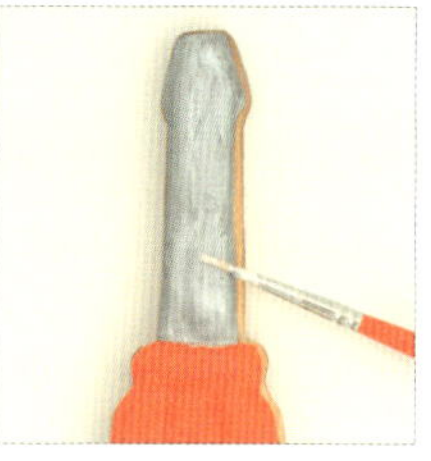

4 하루 정도 말린 후 은색 펄 파우더에 물이나 알코올을 섞어 사진처럼 붓으로 덧칠한다.

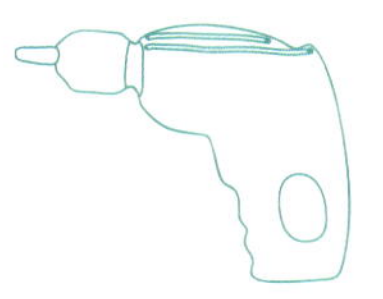

드릴

쿠키 형지 P.146
쿠키 종류 플레인 쿠키
아이싱 반죽
<u>묶음</u> 회색 ●, 민트색 ●
부재료 은색 펄 파우더

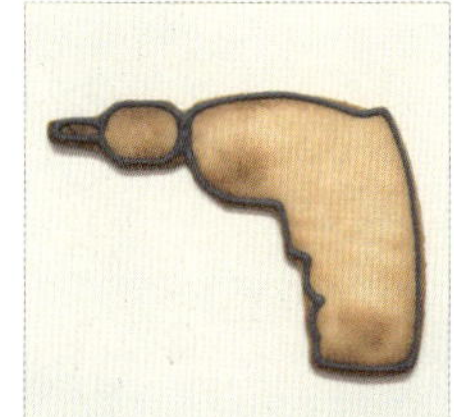

1 회색 아이싱으로 테두리 라인을 그린다.

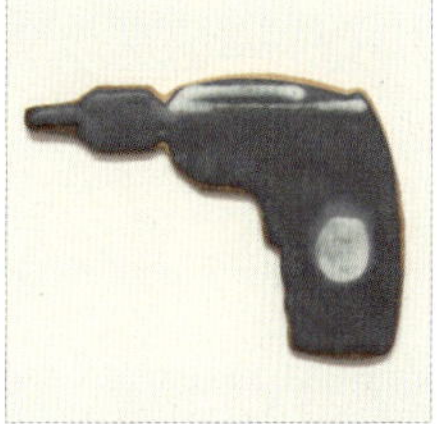

2 면을 채우고 이쑤시개로 고르게 편다. 민트색 아이싱으로 세부 장식을 한다.

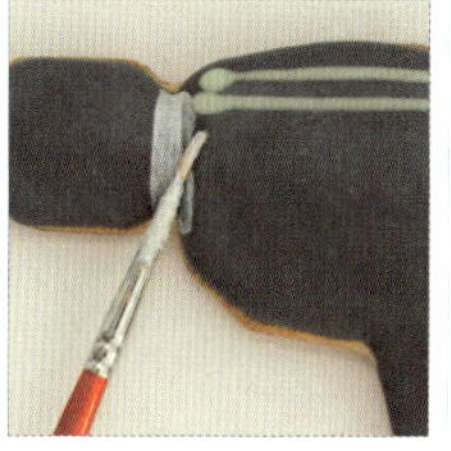

3 하루 정도 말린 후 은색 펄 파우더에 물이나 알코올을 섞어 사진처럼 붓으로 덧칠한다.

5 펜치도 드라이버와 같은 방법으로 만든다.

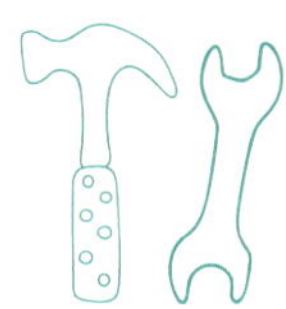

망치/스패너

쿠키 형지 P.146
쿠키 종류 플레인 쿠키
아이싱 반죽
<u>묶음</u> 회색 ●, 갈색 ●, 민트색 ●
부재료 은색 펄 파우더

1 갈색 아이싱으로 손잡이 라인을 그리고 면을 채운다. 마르기 전에 민트색 아이싱으로 점을 찍는다.

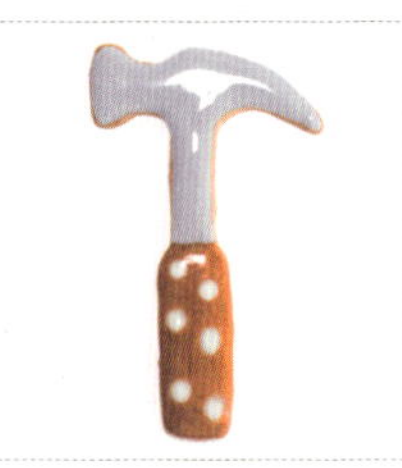

2 회색 아이싱으로 상단 부분도 라인을 그리고 면을 채운다.

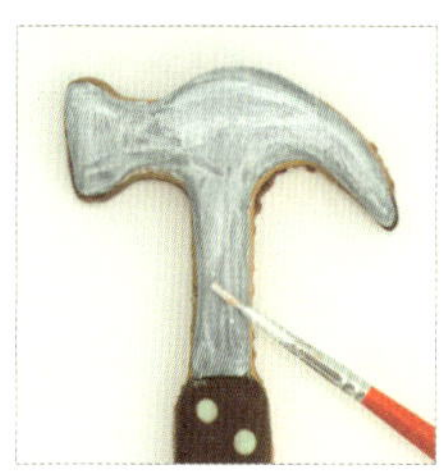

3 하루 정도 말린 후 은색 펄 파우더에 물이나 알코올을 섞어 사진처럼 붓으로 덧칠한다.

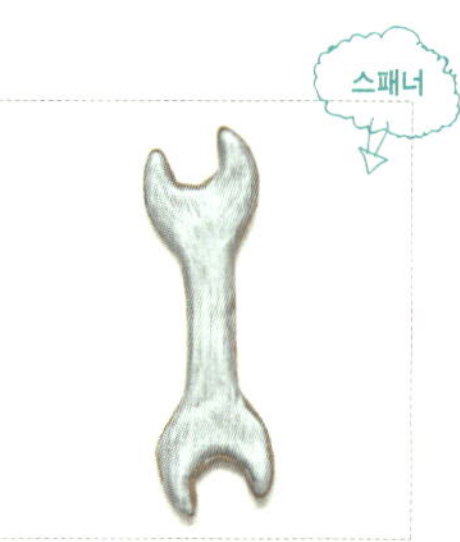

4 스패너도 망치와 같은 방법으로 만든다.

스터디

졸업시즌 축하 선물로 만들면 좋은 졸업 콘셉트의
아이싱 쿠키예요. 그동안 수고했다는 메시지와 함께 이런 쿠키들을
만들어 주는 건 어떨까요?

학사모

쿠키 형지 P.145
쿠키 종류 플레인 쿠키
아이싱 반죽
묽음 검은색 ●
됨 노란색 ●, 검은색 ●

1 검은색 아이싱으로 사진처럼 라인을 그린다.

2 검은색 아이싱으로 세면을 5분 간격을 두고 채운다.

3 10분 정도 말린 후 검은색 아이싱(됨)으로 라인을 그리고 중앙에 점을 찍는다.
10분 정도 말린 후 노란색 아이싱(됨)으로 수술을 그린다.

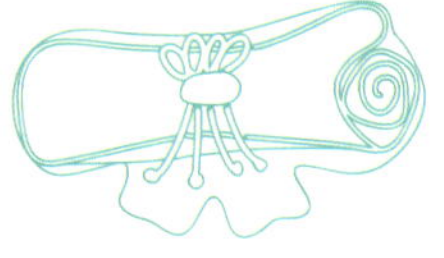

상장

쿠키 형지 P.145
쿠키 종류 플레인 쿠키
아이싱 반죽
묽음 흰색 ○, 노란색 ●, 초록색 ●

1 흰색 아이싱으로 사진처럼 라인을 그린다.

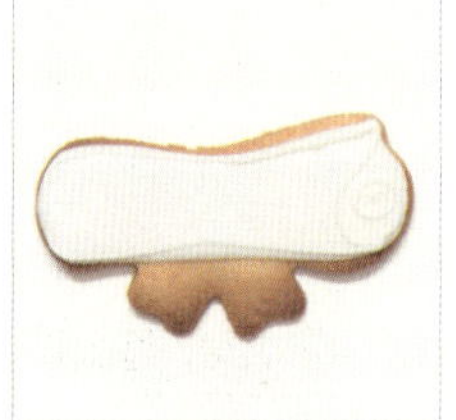

2 면을 채우고 이쑤시개로 고르게 편다. 사진처럼 라인을 그린다.

3 10분 정도 말린 후 초록색 아이싱으로 끈을 그린다.
10분 정도 말린 후 노란색 아이싱을 끈 중앙에 사진처럼 짠다.

연필

쿠키 형지 P.145
쿠키 종류 플레인 쿠키
아이싱 반죽
묽음 빨간색 ●
됨 검은색 ●

1 빨간색 아이싱으로 사진처럼 라인을 그리고 면을 채운다.

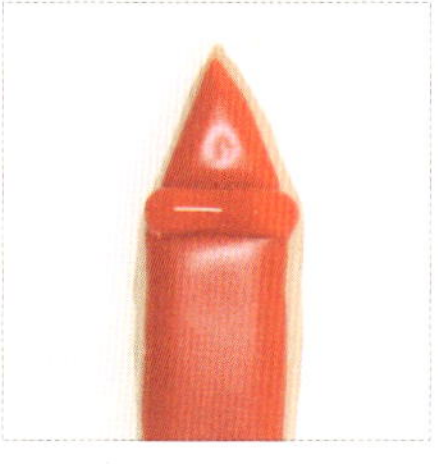

2 5분 정도 말린 후 빨간색 아이싱으로 가운데 라인을 그리고 면을 채운다.

3 10분 정도 말린 후 검은색 아이싱으로 글씨를 쓰고, 세부 장식을 한다.

A

쿠키 형지 P.145
쿠키 종류 플레인 쿠키
아이싱 반죽
중간 흰색 ○
부재료 식용펜

1 흰색 아이싱으로 테두리 라인을 그리고 면을 채운다.

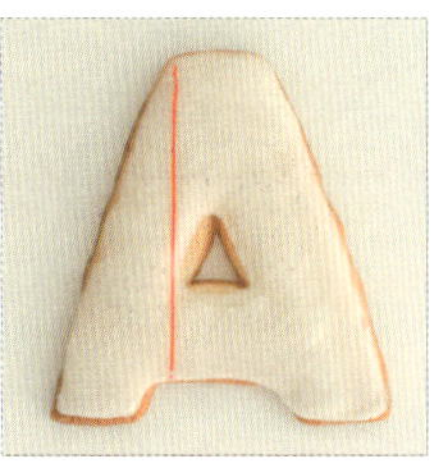

2 30분 정도 말린 후 빨간 식용펜으로 사진처럼 세로 라인을 그린다.

3 검은색 식용펜으로 사진처럼 가로로 라인을 그리고 글씨를 쓴다.

B

쿠키 형지 P.145
쿠키 종류 플레인 쿠키
아이싱 반죽
묽음 회색 ●, 진갈색 ●, 흰색 ○

1 회색 아이싱으로 사진처럼 라인을 그리고 면을 채운다.

2 5분 정도 말린 후 진갈색 아이싱으로 하단에 라인을 그리고 면을 채운다.
흰색 아이싱으로 세부 장식을 한다.

C

쿠키 형지 P.145
쿠키 종류 플레인 쿠키
아이싱 반죽
묽음 노란색 ●, 아이보리 ●
분홍색 ●, 회색 ●, 검은색 ●
됨 노란색 ●

1 노란색 아이싱으로 사진처럼 라인을 그리고 면을 채운다.

2 5분 정도 말린 후 아이보리와 분홍색 아이싱으로 사진처럼 면을 채운다.

3 5분 정도 말린 후 노란색 아이싱(됨)으로 사진처럼 라인을 그린다.

4 검은색 아이싱으로 연필심을, 회색 아이싱으로 라인을 표현한다.

메이크업

여자아이들이 좋아하는 메이크업 도구들이에요.
엄마 화장품에 관심 있어 하는 아이들에게 만들어 주면 정말 좋아할 거예요.

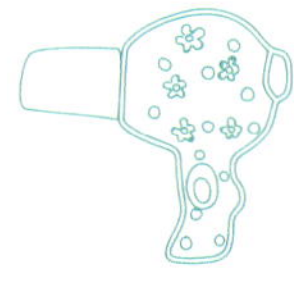

드라이기

쿠키 형지 P.146
쿠키 종류 플레인 쿠키
아이싱 반죽
묽음 분홍색 ●,
진갈색 ●, 다홍색 ●
됨 흰색 ○, 노란색 ●

1 분홍색과 진갈색 아이싱으로 사진처럼 라인을 그린다.

2 분홍색과 진갈색 아이싱으로 각각 면을 채운다.

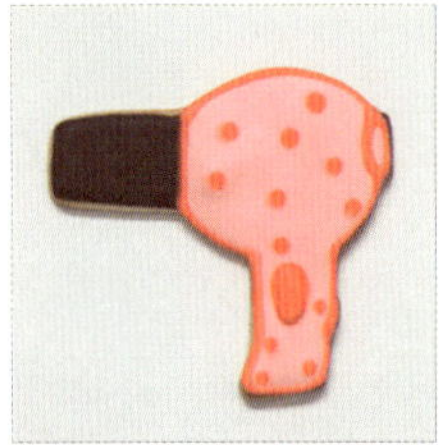

3 다홍색 아이싱으로 점을 찍는다.
10분 정도 말린 후 사진처럼 라인을 그리고, 버튼을 만든다.

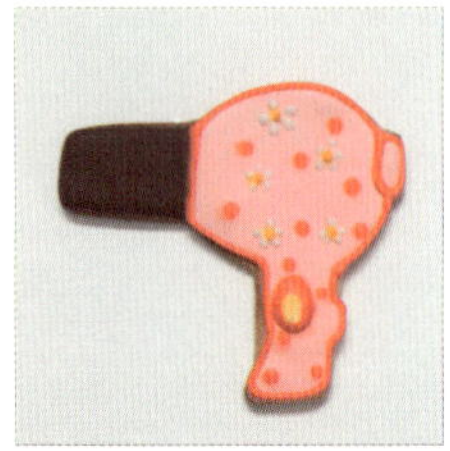

4 흰색 아이싱으로 꽃을 그린다.
노란색 아이싱으로 사진처럼 버튼 위와 꽃을 장식한다.

거울

쿠키 형지 P.146
쿠키 종류 플레인 쿠키
아이싱 반죽
묽음 하늘색 ●, 연회색 ●
됨 연회색 ●
부재료 리본

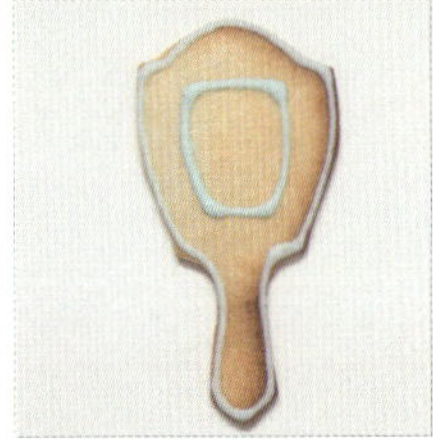

1 하늘색과 연회색 아이싱으로 사진처럼 라인을 그린다.

2 하늘색 아이싱으로 중앙의 면을 채운다.
5분 정도 말린 후 연회색 아이싱으로 바깥쪽 면을 채운다.

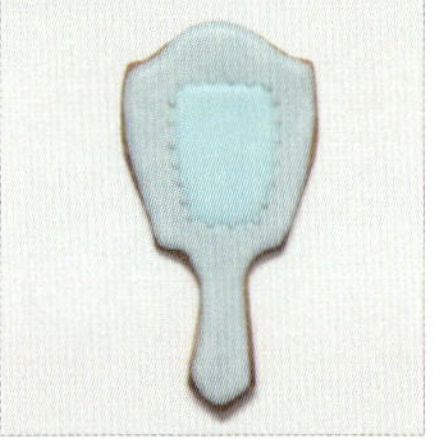

3 10분 정도 말린 후 연회색 아이싱(됨)으로 거울 테두리에 점을 찍는다.

4 연회색 아이싱(됨)으로 사진처럼 세부 장식을 한다.

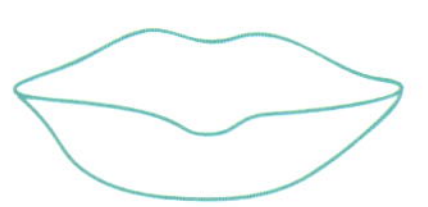

입술

쿠키 형지 P.146
쿠키 종류 플레인 쿠키
아이싱 반죽
묽음 빨간색 ●, 흰색 ○

1 빨간색 아이싱으로 사진처럼 라인을 그리고 면을 채운다.

2 5분 정도 말린 후 아랫입술에 빨간색 아이싱으로 라인을 그리고 면을 채운다.
흰색 아이싱으로 사진처럼 라인을 그려 광택 느낌을 표현한다.

5 연회색 아이싱(됨)으로 손잡이도 세부 장식을 한다.

6 리본을 붙인다.

머리핀

쿠키 형지 P.146
쿠키 종류 플레인 쿠키
아이싱 반죽
묽음 분홍색 ●
중간 흰색 ○
부재료 스파클링슈거

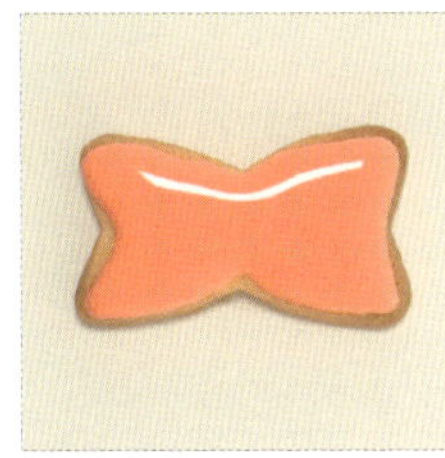

1 분홍색 아이싱으로 테두리 라인을 그리고 면을 채운다.

2 10분 정도 말린 후 흰색 아이싱으로 리본 라인을 그린다.

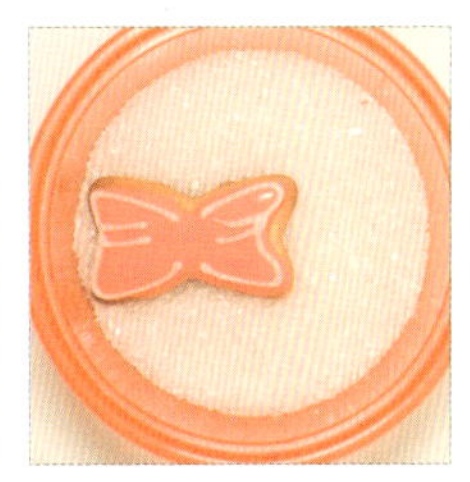

3 마르기 전에 스파클링슈거 위에 쿠키를 뒤집어 살짝 눌러 골고루 묻힌다.

4 중앙에 분홍색 아이싱을 도톰하게 짜고, 스파클링슈거를 한 번 더 묻힌다.

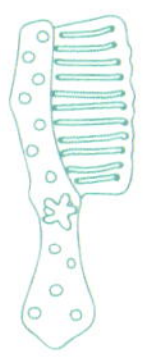

빗

쿠키 형지 P.146
쿠키 종류 플레인 쿠키
아이싱 반죽
묽음 분홍색 ●, 빨간색 ●
됨 검은색 ●, 흰색 ○

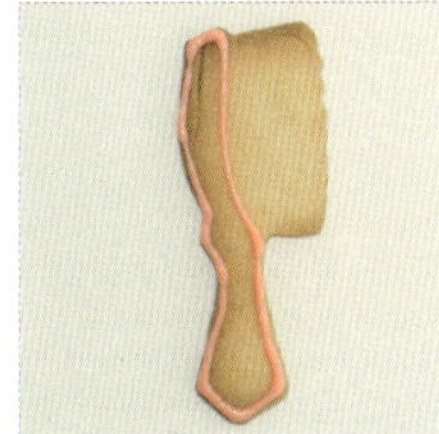

1 분홍색 아이싱으로 사진처럼 라인을 그린다.

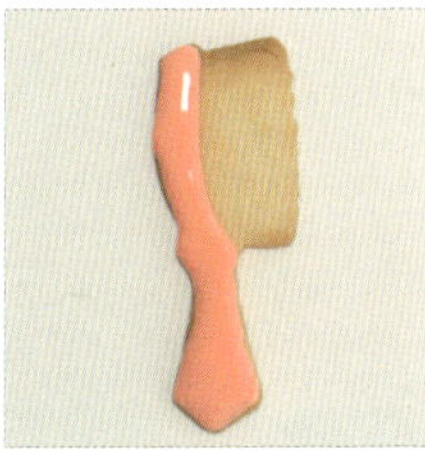

2 분홍색 아이싱으로 면을 채운다.

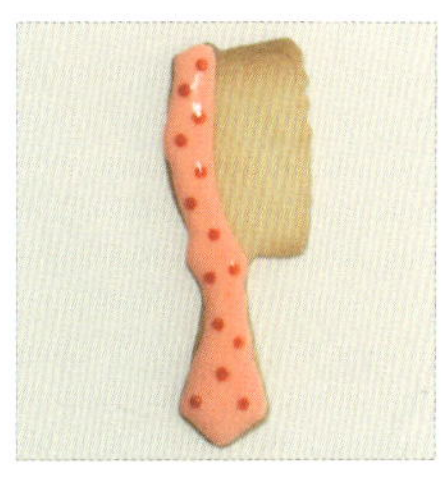

3 마르기 전에 빨간색 아이싱으로 점을 찍는다.

4 10분 정도 말린 후 검은색 아이싱으로 빗살을 그린다.
흰색 아이싱으로 꽃잎을 그린다.

립스틱

쿠키 형지 P.146
쿠키 종류 플레인 쿠키
아이싱 반죽
묽음 빨간색 ●, 분홍색 ●,
노란색 ●
됨 노란색 ●
부재료 화이트 펄 아라잔, 리본

1 노란색과 빨간색 아이싱으로 사진처럼 라인을 그리고 면을 채운다.

2 5분 정도 말린 후에 분홍색 아이싱으로 가운뎃부분에 라인을 그리고 면을 채운다.

3 노란색 아이싱(됨)으로 손잡이에 세로 라인을 그린다.

4 사진처럼 화이트 펄 아라잔으로 장식하고, 리본을 붙인다.

Chapter 5

행복한 날

소중한 사람들을 위해
쿠키를 만들어 보세요. 주는 사람이
더 행복한 선물이 될 거예요.

밸런타인데이

우리나라에 가장 많이 소개된 아이싱 쿠키 디자인이
아마 하트가 아닐까 싶어요.
밸런타인데이나 화이트데이 같은 특별한 날에
선물하기 좋은 쿠키들이에요.

LOVE 하트

쿠키 형지 P.147
쿠키 종류 코코아 쿠키
아이싱 반죽
묽음 분홍색 ●, 흰색 ○
됨 연두색 ●, 다홍색 ●

1 분홍색 아이싱으로 테두리 라인을 그린다.

2 분홍색 아이싱으로 면을 채운다.

3 마르기 전에 흰색 아이싱으로 점을 찍는다.

4 하트 안쪽에 다홍색 아이싱으로 사진처럼 라인을 그리고, 연두색 아이싱으로 글씨를 쓴다.

민트색 하트

쿠키 형지 P.147
쿠키 종류 코코아 쿠키
아이싱 반죽
묽음 민트색 ●
됨 검은색 ●

1 민트색 아이싱으로 테두리 라인을 그린다.

2 민트색 아이싱으로 면을 채운다.
30분 정도 말린 후 검은색 아이싱으로 끝을 지그시 누르듯 점을 찍어, 세 줄을 만든다.

3 검은색 아이싱으로 라인 안쪽에 사진처럼 끝을 지그시 누르듯 점을 찍어 장식한다.

4 검은색 아이싱으로 사진처럼 세부 장식을 한다.

흰색 하트

쿠키 형지 P.147
쿠키 종류 코코아 쿠키
아이싱 반죽
묽음 흰색 ○
됨 흰색 ○

1 흰색 아이싱으로 테두리 라인을 물결 모양으로 그린다.

2 흰색 아이싱으로 면을 채운다.
10분 정도 말린 후 흰색 아이싱(됨)으로 테두리에 점을 찍는다.

3 흰색 아이싱(됨)으로 사진처럼 서로 엇갈리게 라인 두 줄을 그린다.

4 흰색 아이싱(됨)으로 사진처럼 점을 찍는데, 끝을 지그시 누르듯 찍는다. 세부 장식으로 마무리한다.

화이트데이

사랑하는 남자친구나 여자친구에게 만들어주면 좋아할
거예요. 둘만의 기념일에 선물하기 좋은 아이템이에요.

곰돌이

쿠키 형지 P.147
쿠키 종류 코코아 쿠키
아이싱 반죽
됨 흰색 ○

1 흰색 아이싱으로 눈과 코를 그린다.

2 흰색 아이싱으로 리본을 그리고, 글씨를 쓴다.

민트꽃

쿠키 형지 P.147
쿠키 종류 코코아 쿠키
아이싱 반죽
묽음 민트색 ●
됨 검은색 ●
부재료 은색 아라잔

1 민트색 아이싱으로 라인을 그린다.

2 면을 채우고 이쑤시개로 고르게 편다.

3 30분 정도 말린 후 검은색 아이싱으로 사진과 같은 무늬를 만든다.

4 나머지 잎도 그린다. 가운데 은색 아라잔을 붙이고 마무리한다.

여름휴가

스트라이프 티를 입고 편한 캔버스 가방을
어깨에 메고 친구들과 즐거운 휴가를 떠나는 상상만
으로도 기분이 좋아집니다.

블루 스트라이프 티

쿠키 형지 P.147
쿠키 종류 플레인 쿠키
아이싱 반죽
묶음 파란색 ●, 흰색 ○
됨 흰색 ○
부재료 101번 깍지

1 흰색 아이싱으로 사진처럼 라인을 그린다.

2 면을 채우고 고르게 편다.

3 마르기 전에 파란색 아이싱으로 사진처럼 라인을 그린다.

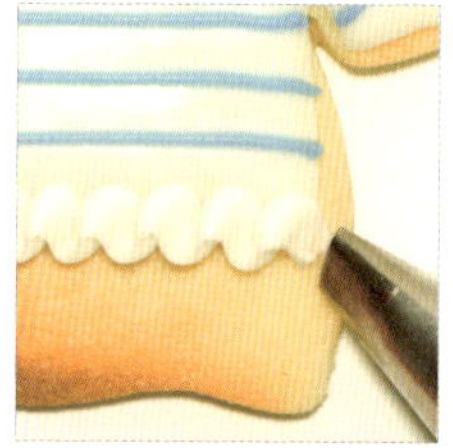

4 16번 깍지를 끼운 짤주머니로 흰색 아이싱(됨)을 러플 모양으로 짠다.

블랙 스트라이프 티

쿠키 형지 P.147
쿠키 종류 플레인 쿠키
아이싱 반죽
묶음 검은색 ●, 흰색 ○

1 흰색 아이싱으로 테두리 라인을 그린다.

2 면을 채우고 고르게 편다.

3 마르기 전에 검은색 아이싱으로 스트라이프 라인을 그린다.

5 흰색 아이싱(됨)으로 진주 목걸이를 그린다.

선글라스

쿠키 형지 P.147
쿠키 종류 플레인 쿠키
아이싱 반죽
묶음 검은색 ●, 갈색 ●, 진갈색 ●
부재료 은색 아라잔(소)

1 갈색 아이싱으로 테두리 라인을 그린다.

2 면을 채우고 고르게 편다.

3 진갈색 아이싱으로 군데군데 점을 찍고, 그 위로 검은색 아이싱을 사진처럼 짠다.

4 은색 아라잔을 붙여 장식한다.

가방

쿠키 형지 P.147
쿠키 종류 플레인 쿠키
아이싱 반죽
묽음 흰색 ○, 검은색 ●, 회색 ●
됨 갈색 ●

1 흰색 아이싱으로 사진 처럼 라인을 그린다.

2 면을 채우고 고르게 편다.

3 마르기 전에 검은색 아이 싱으로 라인을 그린다.

4 검은색 아이싱으로 가 방 전체에 줄무늬를 그 린다.

5 검은색 아이싱으로 손 잡이 라인을 그리고 면 을 채운다.

6 회색 아이싱으로 사진 처럼 손잡이 끝부분을 채우고, 갈색 아이싱으 로 글씨를 쓴다.

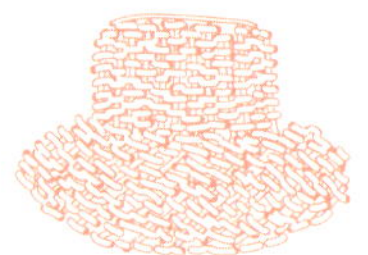

모자

쿠키 형지 P.147
쿠키 종류 플레인 쿠키
아이싱 반죽
됨 갈색 ●
부재료 리본

1 갈색 아이싱으로 사진 처럼 라인을 그리고, 상단에는 세로로 선을 넣는다.

2 갈색 아이싱으로 챙 부 분에는 사선을 넣고, 상단에는 격자무늬를 넣는다.

3 챙 부분도 사선으로 격 자 무늬를 채운다.

4 리본을 붙인다.

바구니

쿠키 형지 P.147
쿠키 종류 플레인 쿠키
아이싱 반죽
됨 갈색 ●, 검은색 ●
부재료 리본

1 갈색 아이싱으로 사진처럼 라인을 그린다

2 갈색 아이싱으로 사선을 그린다.

3 짧게 가로로 선을 그려서 겪자 무늬를 넣는다.

4 3단계와 같은 방법으로 면을 채운다.

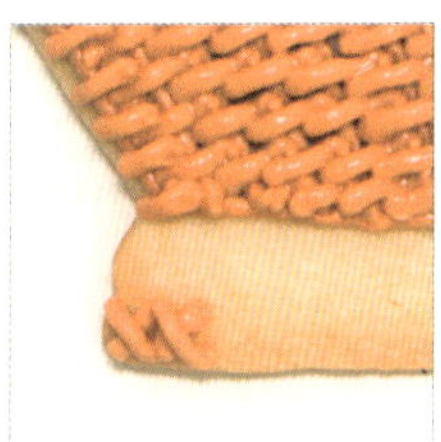

5 갈색 아이싱으로 바구니 밑단에 X자를 그린다.

6 밑단의 면을 빈틈없이 채운다.

7 검은색 아이싱으로 사진처럼 X자를 빈틈없이 그린다.

8 손잡이에도 X자를 그린다.

9 리본을 군데군데 붙여 장식한다.

설날

설날에는 주로 양금과자나 한과를 만드는데, 아이싱
쿠키로도 설날 느낌을 표현할 수 있을 것 같아 만들어 본
한복 쿠키예요. 안 그래도 예쁜 한복을 과자 위에 표현해
놓으니 더 예쁘게 느껴집니다.

한복

쿠키 형지 P.147
쿠키 종류 플레인 쿠키
아이싱 반죽
묶음 빨간색 ●, 흰색 ○,
분홍색 ●
됨 흰색 ○, 빨간색 ●
부재료 금색 펄 파우더

1 식용펜으로 사진처럼 밑그림을 그린다. 흰색 아이싱으로 사진처럼 면을 채운다.

2 5분 정도 말린 후 분홍색 아이싱으로 사진처럼 라인을 그린다.

3 분홍색 아이싱으로 면을 채운다.

4 양팔에 빨간색 아이싱으로 도트를 짜고, 그 위에 흰색 아이싱을 작게 짠다.

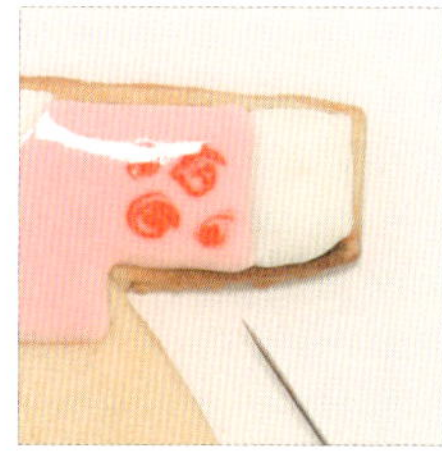

5 이쑤시개나 날카로운 도구로 가볍게 한두 번 휘젓는다.

6 10분 정도 말린 후 빨간색 아이싱으로 사진처럼 치마 라인을 그린다.

7 빨간색 아이싱으로 면을 채운다.

8 10분 정도 말린 후 분홍색 아이싱으로 치마 밑단에 라인을 그리고 면을 채운다. 흰색 아이싱(됨)으로 저고리 라인을 그린다.

9 10분 정도 말린 후 빨간색 아이싱(됨)으로 저고리를 그린다.

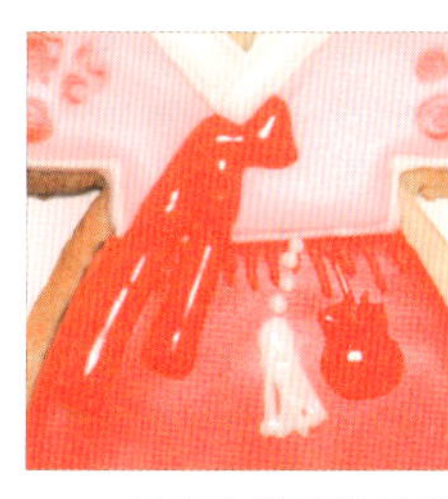

10 흰색과 빨간색 아이싱으로 한복 장신구를 그린다.

11 하루 정도 말린 후 금색 펄 파우더에 물이나 알코올을 섞어 사진처럼 붓으로 장식하고 덧칠한다.

꽃

쿠키 형지 P.147
쿠키 종류 코코아 쿠키
아이싱 반죽
묽음 흰색 ○
됨 다홍색 ●
부재료 로즈 더스팅 파우더

1 흰색 아이싱으로 테두
리 라인을 그린다.

2 면을 채우고 고르게
편다.

3 10분 정도 말린 후 다
홍색 아이싱으로 꽃심
을 그린다.

4 로즈 더스팅 파우더를
묻힌 붓을 준비한다.

5 10분 정도 말리고 붓
으로 살짝 덧칠해 사진
처럼 완성한다.

부활절

삶은 달걀 대신 쿠키로 부활절 분위기를 표현해 보아요.
원하는 장식을 넣어 화려한 달걀과 십자가, 병아리를 만들어요.

십자가

쿠키 형지 P.149
쿠키 종류 플레인 쿠키
아이싱 반죽
묶음 흰색 ○
됨 흰색 ○

1 흰색 아이싱으로 테두리 라인을 그린다.

2 면을 채우고 고르게 편다.

3 10분 정도 말린 후 흰색 아이싱(됨)으로 사진처럼 장식한다.

4 흰색 아이싱(됨)으로 사진처럼 세부 장식을 한다.

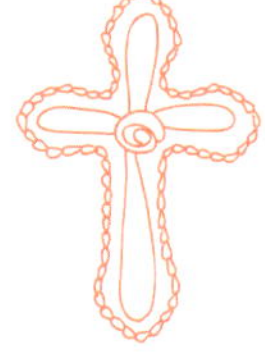

십자가 2

쿠키 형지 P.149
쿠키 종류 플레인 쿠키
아이싱 반죽
묶음 흰색 ○
됨 흰색 ○, 연노란색 ●
부재료 101번 깍지, 짤주머니,
꽃받침

1 흰색 아이싱으로 테두리 라인을 그린다.

2 면을 채우고 고르게 편다.

3 10분 정도 말리고, 흰색 아이싱(됨)으로 사진처럼 라인을 그린다.

4 흰색 아이싱(됨)으로 사진처럼 라인을 그린다.

5 테두리 라인에 끝을 지그시 누르듯 여러 개의 점을 찍는다.

6 꽃은 따로 만들어서 붙인다. 101번 깍지를 끼운 짤주머니로 연노란색 아이싱을 꽃 모양으로 짠다. 하루 정도 말려서 사용한다.

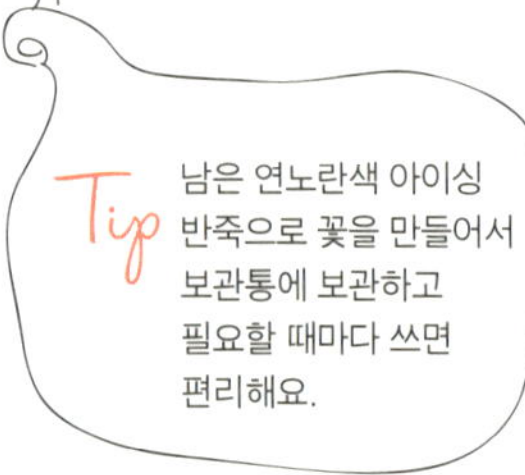

병아리

쿠키 형지 P.149
쿠키 종류 플레인 쿠키
아이싱 반죽
묽음 연노란색 ●, 노란색 ●, 검은색 ●
부재료 로즈 더스팅 파우더

1 연노란색 아이싱으로 사진처럼 라인을 그린다.

2 면을 채우고 이쑤시개로 고르게 편다.
5분 정도 말린 후 노란색 아이싱으로 부리와 다리를 그린다.

3 검은색 아이싱으로 눈을 그린다.

4 붓에 로즈 더스팅 파우더를 묻혀 볼 색깔을 표현한다.

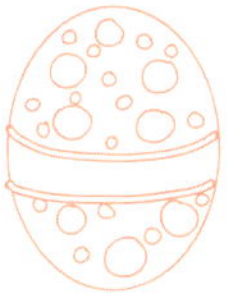

민트 도트 달걀

쿠키 형지 P.149
쿠키 종류 플레인 쿠키
아이싱 반죽
묽음 흰색 ○, 민트색 ●, 노란색 ●
됨 노란색 ●
부재료 스파클링슈거

1 식용펜으로 사진처럼 밑그림을 그린다.
흰색 아이싱으로 라인을 그린다.

2 면을 채우고 이쑤시개로 고르게 편다.

3 민트색 아이싱으로 점을 찍는다.

4 흰색 아이싱으로 아래쪽도 동일하게 면을 채운다.
민트색과 노란색 아이싱으로 사진처럼 점을 찍는다.

5 5분 정도 말린 후 노란색 아이싱으로 가운데 라인의 면을 채운다.

6 10분 정도 말린 후 흰색 아이싱으로 사진처럼 라인을 그린다.

7 마르기 전에 쿠키를 뒤집어 스파클링슈거를 묻힌다.

8 노란색 아이싱(됨)으로 가운데 라인에 글씨를 쓴다.

라인 달걀

쿠키 형지 P.149
쿠키 종류 플레인 쿠키
아이싱 반죽
묽음 노란색 ●, 분홍색 ●
됨 노란색 ●
부재료 금색 펄 파우더

1 식용펜으로 사진처럼 밑그림을 그린다. 노란색 아이싱으로 밑그림을 따라 선을 그린다.

2 노란색 아이싱으로 서로 붙지 않게 간격을 두고 면을 채운다.

3 5분 정도 말린 후 분홍색 아이싱으로 사진처럼 라인을 그리고, 나머지 면을 채운다.

4 10분 정도 말린 후 노란색 아이싱(됨)으로 경계선에 물결 모양의 라인을 그린다.

깨진 달걀

쿠키 형지 P.149
쿠키 종류 플레인 쿠키
아이싱 반죽
묽음 분홍색 ●, 노란색 ●, 검은색 ●, 주황색 ●
됨 분홍색 ●

1 식용펜으로 사진처럼 밑그림을 그린다.

2 노란색 아이싱으로 사진처럼 라인을 그린다.

3 노란색 아이싱으로 먼저 얼굴의 면을 채운다. 5분 정도 말린 후 분홍색 아이싱으로 윗면을 채운다.

5 물결 모양 라인을 사진처럼 그린 후 하루 정도 말린다. 금색 펄 파우더에 물이나 알코올을 섞어 물결 모양 라인에 붓으로 덧칠한다.

4 분홍색 아이싱으로 아랫면의 라인을 그리고 면을 채운다.

5 검은색과 주황색 아이싱으로 눈과 부리를 그린다.

6 10분 정도 말린 후 분홍색 아이싱(됨)으로 꽃을 그린다.

7 곳곳에 꽃 모양 아이싱 후 마무리.

라인 달걀 2

쿠키 형지 P.149
쿠키 종류 플레인 쿠키
아이싱 반죽
묽음 연노란색 ●, 분홍색 ●
중간 노란색 ●
부재료: 금색 펄 파우더

1 식용펜으로 사진처럼 밑그림을 그린다. 연노란색 아이싱으로 밑그림을 따라 선을 그린다.

2 사진처럼 면을 채우고 고르게 편다.

3 5분 정도 말린 후 분홍색 아이싱으로 중간 라인의 면을 채운다.

4 10분 정도 말린 후 연노란색 아이싱(중간)으로 사진처럼 위쪽에 라인을 그린다.

5 새로 그린 라인의 면을 채우고, 아래쪽에도 라인을 그린다.

6 노란색 아이싱(중간)으로 사진처럼 점을 찍는다.

7 노란색 아이싱(중간)으로 사진처럼 위아래에 라인을 그린다.

8 노란색 아이싱(중간)으로 사진처럼 점을 찍는다.

9 하루 정도 말리고 금색 펄 파우더에 물이나 알코올을 섞어 붓으로 덧칠한다.

핼러윈데이

핼러윈데이 때 나눠 먹기 좋은 아이싱
쿠키예요. 너무 무섭지만은 않게,
귀여우면서도 핼러윈데이 특유의 분위기가
나도록 표현하면 좋아요.

유령

쿠키 형지 P.148
쿠키 종류 플레인 쿠키
아이싱 반죽
묽음 흰색 ○
됨 검은색 ●

1 흰색 아이싱으로 테두
리 라인을 그린다.

2 면을 채우고 이쑤시개
로 고르게 편다.

3 30분 정도 말린 후 검
은색 아이싱으로 유령
의 눈과 입을 그린다.

4 검은색 아이싱으로 거
미줄과 거미를 그리고
글자를 쓴다.

해골 얼굴

쿠키 형지 P.148
쿠키 종류 플레인 쿠키
아이싱 반죽
묽음 흰색 ○
됨 검은색 ●

1 흰색 아이싱으로 테두
리 라인을 그리고 면을
채워나간다.

2 면을 채우고 고르게
편다.

3 검은색 아이싱으로 사
진처럼 눈썹, 눈, 코를
그린다.

4 입술을 그리고 마무리
한다.

해골

쿠키 형지 P.148
쿠키 종류 코코아 쿠키
아이싱 반죽
중간 흰색 ○

1 흰색 아이싱으로 얼굴
라인을 그리고 면을 채
운다.

2 흰색 아이싱으로 뼈를
그린다.

핼러윈 호박

쿠키 형지 P.148
쿠키 종류 플레인 쿠키
아이싱 반죽
묽음 주황색 ●, 검은색 ●, 초록색 ●

1 식용펜으로 밑그림을 그린다.
주황색 아이싱으로 ①의 라인을 따라 그린다.

2 주황색 아이싱으로 ①의 면을 먼저 채우고, ③의 라인을 그린다.

3 ③의 면을 채우고, 5분 정도 말린다.
주황색 아이싱으로 ②와 ④의 면도 채운다.

4 10분 정도 말린 후 검은색 아이싱으로 눈의 면을 채운다.

5 검은색 아이싱으로 입술의 면을 채우고, 마르기 전에 이쑤시개로 양 끝을 길게 뺀다.
입술에 세로로 선을 긋는다.

6 사진처럼 세로 선을 입술 전체에 긋는다.

7 초록색 아이싱으로 꼭지 면을 채운다.

핼러윈 호박 2

쿠키 형지 P.148
쿠키 종류 플레인 쿠키
아이싱 반죽
묽음 주황색 ●, 검은색 ●, 초록색 ●

1 주황색 아이싱으로 사진처럼 라인을 그린다.

2 면을 채우고 이쑤시개로 고르게 편다.

3 검은색 아이싱으로 거미를 그리고, 초록색 아이싱으로 꼭지의 면을 채운다.

점박이 박쥐

쿠키 형지 P.148
쿠키 종류 플레인 쿠키
아이싱 반죽
묽음 검은색 ●, 흰색 ○, 주황색 ●
됨 검은색 ●

1 검은색 아이싱으로 테두리 라인을 그린다.

2 면을 채우고 이쑤시개로 고르게 편다.

3 주황색 아이싱으로 여러 개의 점을 찍는다.

4 10분 정도 말린 후 검은색 아이싱(됨)으로 사진처럼 라인을 그린다. 주황색 아이싱으로 날개에 무늬를 넣고, 흰색 아이싱으로 눈과 입을 그린다.

크레이지 박쥐

쿠키 형지 P.148
쿠키 종류 플레인 쿠키
아이싱 반죽
묽음 검은색 ●, 흰색 ○
됨 검은색 ●

1 검은색 아이싱으로 테두리 라인을 그리고 면을 채운다. 검은색 아이싱(됨)으로 사진처럼 얼굴 라인을 그린다.

2 검은색 아이싱(됨)으로 날개에 무늬를 넣는다.

3 흰색 아이싱으로 눈과 입을 그린다. 5분 정도 말린 후 검은색 아이싱으로 눈동자와 입을 그린다.

5 10분 정도 말린 후 검은색 아이싱으로 눈동자와 입을 그린다.

스파이더 박쥐

쿠키 형지 P.148
쿠키 종류 플레인 쿠키
아이싱 반죽
됨 검은색 ●, 주황색 ●

1 주황색 아이싱으로 사진처럼 라인을 그린다.

2 주황색 아이싱으로 안쪽부터 라인을 그린다.

3 라인으로 면을 채운다.

4 검은색 아이싱으로 거미를 그린다.

크리스마스

크리스마스 하면 떠오르는 상징물을 한자리에 모았어요.
어디선가 흥겨운 캐럴이 울려 퍼지는 것 같아요. 액자에 넣어
걸어 두거나 트리에 달아도 예뻐요.

포인세티아/
눈 결정체

쿠키 형지 P.148
쿠키 종류 플레인 쿠키
아이싱 반죽
됨 빨간색 ●, 초록색 ●
부재료 은색 아라잔(소),
352번 깍지, 짤주머니

1 352번 깍지를 끼운 짤
주머니에 초록색 아이
싱을 담아 잎 모양으로
짠다.

2 5분 정도 말린 후, 352
번 깍지를 끼운 짤주머
니에 빨간색 아이싱을
담아 꽃 모양으로 짠다.

3 그 위에 작은 잎을 짜
고, 은색 아라잔을 사진
처럼 붙인다.

4 눈 결정체는 흰색으로
라인을 그리고, 면을 채
운 뒤 눈꽃 모양으로 장
식한다.

포인세티아 리스

쿠키 형지 P.148
쿠키 종류 플레인 쿠키
아이싱 반죽
됨 빨간색 ●, 초록색 ●
부재료 은색 아라잔(소),
352번 깍지, 짤주머니,
꽃 깍지 전용 틀

1 꽃 깍지 전용 틀에 은
박지를 씌운다.

2 352번 깍지를 끼운 짤
주머니에 빨간색 아이
싱을 담아 사진처럼 꽃
모양을 짠다.

3 네 개의 잎을 균일하게
짠다.

4 위쪽에 작게 네 개의
잎을 더 짠다.

5 은색 아라잔을 중앙에
붙인다. 같은 방법으로
짠 꽃들을 하루 정도
말린다.

6 352번 깍지를 끼운 짤
주머니에 초록색 아이
싱을 담아 쿠키 위에
잎 모양으로 짠다.

7 5단계에서 말린 꽃을
초록색 잎 위에 올려
붙인다.

8 같은 방법으로 쿠키 위
를 채운다.

양말 돼지

쿠키 형지 P.149
쿠키 종류 플레인 쿠키
아이싱 반죽
묽음 아이보리 ●, 갈색 ●,
진갈색 ●, 초록색 ●
됨 아이보리 ●, 초록색 ●,
빨간색 ●

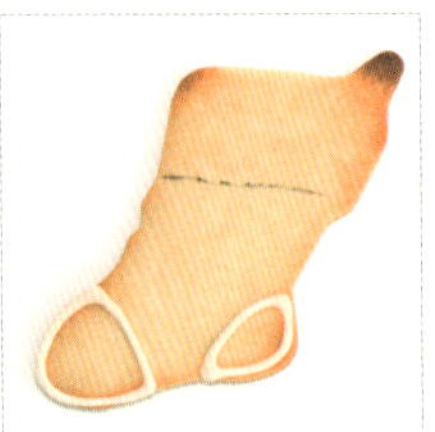

1 아이보리 아이싱으로 사진처럼 라인을 그린다.

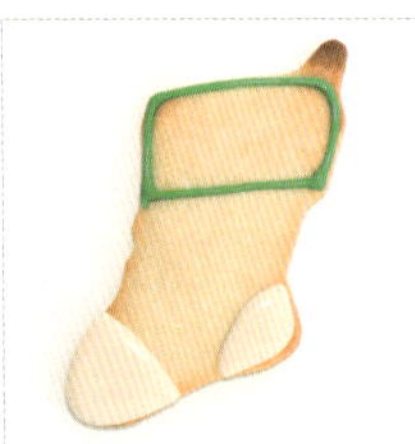

2 아이보리 아이싱으로 면을 채운다.
초록색 아이싱으로 사진처럼 위쪽에 라인을 그린다.

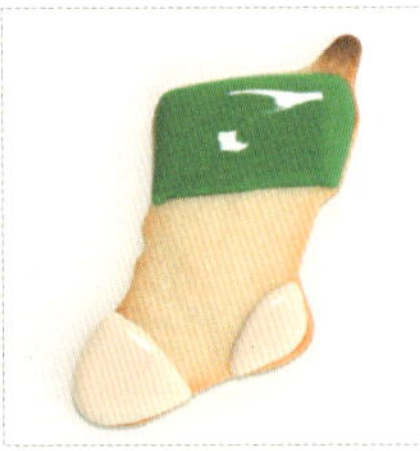

3 초록색 아이싱으로 면을 채운다.

4 양말 쿠키를 말려 두고, 돼지 얼굴 모양 쿠키에 아이보리 아이싱으로 테두리 라인을 그리고 면을 채운다.

5 30분 정도 말린 후 돼지 얼굴 아래쪽에 흰색 아이싱을 짜서 양말에 붙인다.

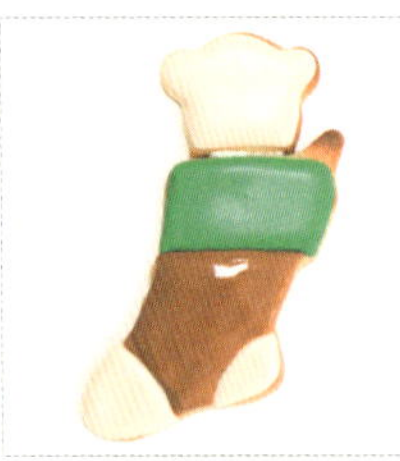

6 양말 가운뎃부분은 갈색 아이싱으로 라인을 그리고 면을 채운다.

7 돼지와 양말의 경계선을 아이보리 아이싱으로 자연스럽게 메꾼다.
진갈색 아이싱으로 눈을, 아이보리 아이싱(됨)으로 코와 귀를 그린다.

8 초록색 아이싱(됨)으로 사진처럼 세부 장식을 한다.

9 빨간색 아이싱으로 스티치 모양을 그린다.

10 돼지 손과 콧구멍을 그린다.

11 단추 모양 등 세부 장식을 더한다.

빨간색 양말

쿠키 형지 P.149
쿠키 종류 플레인 쿠키
아이싱 반죽
묽음 빨간색 ●, 흰색 ○
됨 초록색 ●, 갈색 ●

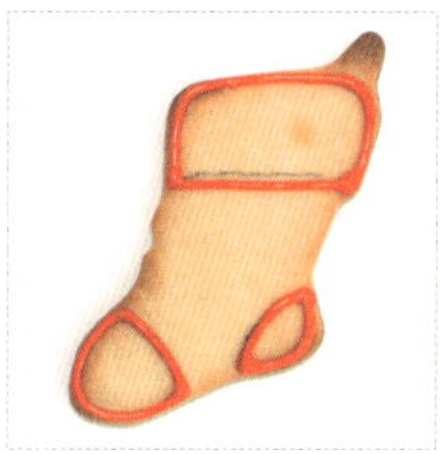

1 빨간색 아이싱으로 사진처럼 라인을 그린다.

2 빨간색 아이싱으로 각각 면을 채우고 이쑤시개로 고르게 편다.

3 10분 정도 말린 후 흰색 아이싱으로 중앙에 라인을 그리고 면을 채운다.

4 10분 정도 말린 후 초록색 아이싱으로 스티치 모양과 무늬(상단)를 그린다.
빨간색 아이싱으로 양말 고리를 만들고, 갈색 아이싱으로 글씨를 쓴다.

루돌프

쿠키 형지 P.148
쿠키 종류 플레인 쿠키
아이싱 반죽
묽음 갈색 ●, 노란색 ●, , 흰색 ○,
초록색 ●, 파란색 ●, 빨간색 ●
됨 진갈색 ●

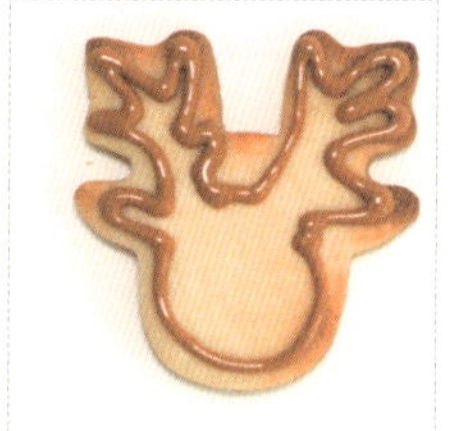

1 갈색 아이싱으로 테두리 라인을 그린다.

2 면을 채우고 고르게 편다.

3 10분 정도 말린 후 흰색과 빨간색 아이싱으로 눈과 코를 그린다.

4 진갈색 아이싱으로 사진처럼 눈썹과 눈동자, 입을 그리고 뿔 위에 선을 그린다.

5 노란색 아이싱으로 전구를 그린다.

6 여러 가지 색의 아이싱으로 전구를 꾸민다.

트리

쿠키 형지 P.149
쿠키 종류 플레인 쿠키
아이싱 반죽
묽음 초록색 ●, 연노란색 ●
됨 진갈색 ●, 빨간색 ●, 흰색 ○
부재료 은색 아라잔(소)

1 초록색 아이싱으로 사진처럼 라인을 그리고, 밑부분은 지그재그 모양으로 진갈색 아이싱(됨)을 채운다.

2 초록색 아이싱으로 면을 채우고, 연노란색 아이싱으로 점을 찍는다. 10분 정도 말린 후 빨간색과 흰색 아이싱으로 리본과 지팡이를 그리고 작은 점을 찍는다.

3 갈색 아이싱으로 미니 진저맨을 그리고, 빨간색 아이싱으로 지팡이에 사선을 넣는다.

4 은색 아라잔을 붙이고, 흰색 아이싱으로 글씨를 쓴다.

산타

쿠키 형지 P.148
쿠키 종류 플레인 쿠키
아이싱 반죽
묽음 빨간색 ●, 아이보리 ●, 흰색 ○
됨 연두색 ●, 연노란색 ●, 흰색 ○, 검은색 ●
부재료 16번 깍지, 짤주머니

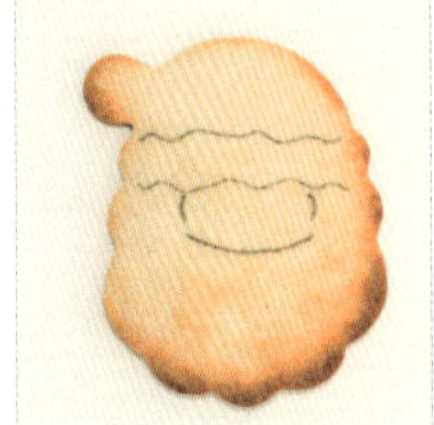

1 식용펜으로 사진처럼 밑그림을 그린다.

2 아이보리 아이싱으로 사진처럼 라인을 그린 후 면을 채운다.

3 빨간색 아이싱으로 모자 라인을 그린 후 면을 채운다.

4 10분 정도 말린 후 흰색 아이싱으로 턱수염과 머리 부분의 라인을 그린 후 면을 채운다.

5 10분 정도 말린 후 흰색 아이싱(됨)으로 턱수염과 머리 라인을 그린다.

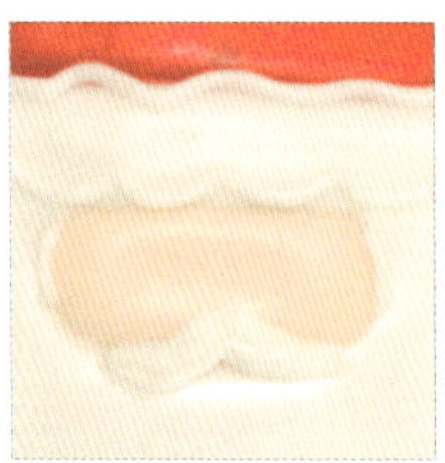

6 16번 깍지를 끼운 짤주머니에 흰색 아이싱을 담아 콧수염 모양으로 짠다.

7 같은 짤주머니를 한 바퀴 돌리듯 짜서 모자 수술을 표현한다.
초록색 아이싱으로 글씨를 쓰고, 연노란색 아이싱으로 수염에 점을 찍는다.

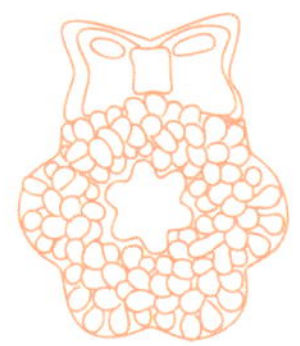

리스

쿠키 형지 P.148
쿠키 종류 플레인 쿠키
아이싱 반죽
묽음 빨간색 ●
됨 초록색 ●

1 식용펜으로 사진처럼 리본 모양의 밑그림을 그린다.

2 빨간색 아이싱으로 사진처럼 라인을 그리고 면을 채운다.

3 5분 정도 말린 후 초록색 아이싱을 넣은 짤주머니의 뿔 끝을 크게 잘라서 여러 개의 점을 찍는데, 끝을 지그시 누르듯 찍는다.

4 같은 작업을 반복해 면을 채운다.

> **Tip**
> **사진과 같은 모양의 쿠키 커터가 없을 때**
> 중간 사이즈 꽃 모양의 쿠키 커터로 반죽을 찍고, 그 가운데를 작은 사이즈의 꽃 모양 쿠키 커터로 찍어 도넛 모양으로 만든다. 여기에 리본 모양 쿠키 커터로 찍은 반죽을 붙여서 리스 모양을 만든다.

집

쿠키 형지 P.149
쿠키 종류 플레인 쿠키
아이싱 반죽
묽음 진갈색 ●, 흰색 ○,
분홍색 ●, 빨간색 ●
됨 흰색 ○, 노란색 ●,
빨간색 ●, 초록색 ●

1 진갈색 아이싱으로 사진처럼 라인을 그린다.

2 면을 채우고 이쑤시개로 고르게 편다.

3 10분 정도 말린 후 흰색 아이싱으로 지붕을 그린다.

4 흰색 아이싱으로 굴뚝에 쌓인 눈을 표현한다. 흰색 아이싱(됨)으로 집 중앙을 사진처럼 꾸민다.

5 분홍색 아이싱으로 사진처럼 하트를 그리고, 그 위에 빨간색 아이싱을 살짝 짜고 이쑤시개로 휘저어 마블 모양을 만든다.
사진처럼 된 반죽의 분홍색 아이싱으로 세부 장식을 한다.

6 아기자기한 장식을 더 한다.

가족이 함께하는 날

가족이나 친구와 함께하는, 우리에게 좀 더
특별한 날을 떠올리며 멋진 아이싱 쿠키를 만들어 보아요.
여행의 설렘과 기념일의 감사, 기쁜 날의 행복한
순간들을 담았어요.

여행

에펠탑은 여행의 로망을 담은 대표적인 상징이죠.
장식용으로도 근사해요. 살랑살랑 여행지의 바람을
느낄 원피스도 함께 만들어요.

에펠탑

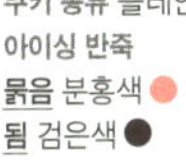

쿠키 형지 P.150
쿠키 종류 플레인 쿠키
아이싱 반죽
묽음 분홍색 ●
됨 검은색 ●

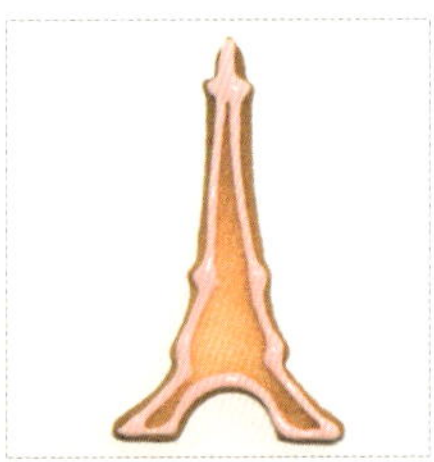

1 분홍색 아이싱으로 테두리 라인을 그린다.

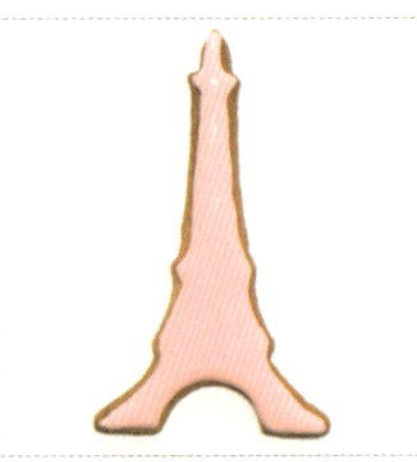

2 면을 채우고 이쑤시개로 고르게 편다.

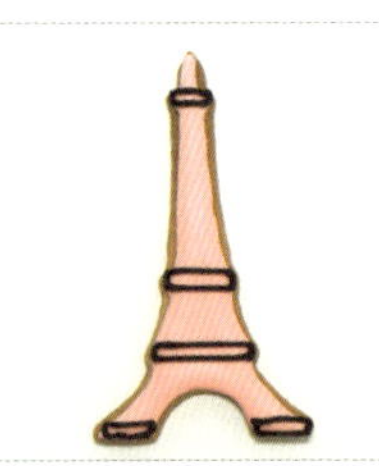

3 30분 정도 말린 후 검은색 아이싱(됨)으로 사진처럼 가로 라인을 그린다.

4 검은색 아이싱(됨)의 X자 라인 작업으로 면을 채우고, 디테일을 더한다.

> 붓을 사용할 때는 물을 묻힌 후 키친타월에 물기를 닦고 사용해야 사진처럼 자연스럽게 만들 수 있다.

원피스

쿠키 형지 P.150
쿠키 종류 플레인 쿠키
아이싱 반죽
묽음 흰색 ○, 빨간색 ●, 초록색 ●
중간 흰색 ○
됨 흰색 ○
부재료 은색 아라잔(소)

1 흰색 아이싱(중간)으로 치마 밑단에 물결 모양을 그린다.

2 물을 살짝 묻힌 붓으로 사진처럼 번진 듯한 효과를 낸다.
물결 모양을 한 줄 더 넣은 뒤, 같은 방법으로 작업한다.

3 흰색 아이싱으로 사진처럼 라인을 그린 후 면을 채운다.

4 마르기 전에 빨간색 아이싱으로 군데군데 도넛 모양을 그린다.

5 이쑤시개나 날카로운 도구로 한두 번 휘저어 꽃 모양을 만든다.

6 초록색 아이싱으로 잎을 그리고, 이쑤시개로 한두 번 휘젓는다.

7 5분 정도 말린 후 흰색 아이싱(중간)으로 사진처럼 상단에 라인을 그리고 면을 채운다.
10분 정도 말리고 세부 장식을 한다.

8 흰색 아이싱(됨)으로 가슴 가운데에 점을 찍고, 은색 아라잔을 붙인다.

어버이날이나 스승의 날, 부모님이나 은사께
직접 구운 빵, 쿠키를 선물할 때 카네이션 모양의 아이싱 쿠키를
더하면 더욱 뜻 깊고 멋진 선물이 될 거예요.

카네이션 꽃다발

쿠키 형지 P.150
쿠키 종류 코코아 쿠키
아이싱 반죽
묶음 연보라색 ●, 흰색 ○
됨 보라색 ●, 흰색 ○, 빨간색 ●,
초록색 ●
부재료 101번 깍지, 짤주머니, 꽃받침

1 사진처럼 연보라색 아이싱으로 라인을 그린다.

2 면을 채우고 이쑤시개로 고르게 편다.
10분 정도 말린 후 흰색 아이싱으로 리본을 그리고 글씨를 쓴다.

3 흰색 아이싱을 쿠키 위에 살짝 짜고 카네이션(만드는 법은 뒤 페이지에)을 붙인다.
초록색 아이싱으로 줄기를 그리고, 흰색 아이싱으로 점을 찍는다.

곰돌이 카네이션

쿠키 형지 P.150
쿠키 종류 코코아 쿠키
아이싱 반죽
묶음 흰색 ○
됨 빨간색 ●, 검은색 ●,
보라색 ●, 초록색 ●
부재료 101번 깍지, 짤주머니,
꽃받침

1 검은색 아이싱으로 눈과 코를 그린다.

2 흰색 아이싱을 쿠키 위에 살짝 짜고 카네이션(만드는 법은 뒤 페이지에)을 붙인다.
초록색 아이싱으로 줄기를 그린다.

3 보라색 아이싱으로 글씨를 쓴다.

카네이션 만드는 법

재료 꽃받침, 101번 깍지, 유산지,
짤주머니

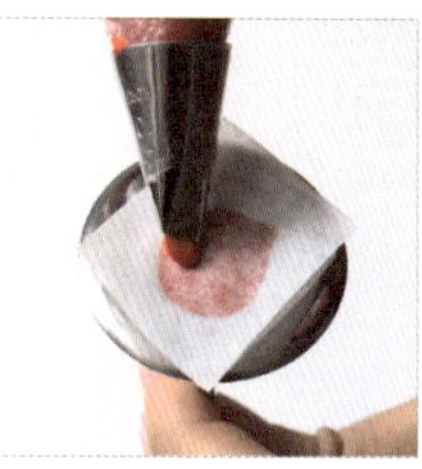

1 꽃받침 위에 101번 깍지를 끼운 짤주머니로 빨간색 아이싱을 살짝 짜고 유산지를 올려 고정한다.

2 깍지를 살짝 눕히고 꽃받침을 돌리면서 지그재그 형태로 왔다 갔다 하며 원형으로 짠다.

3 원하는 모양이 되면 짤주머니를 떼고 확인한다.

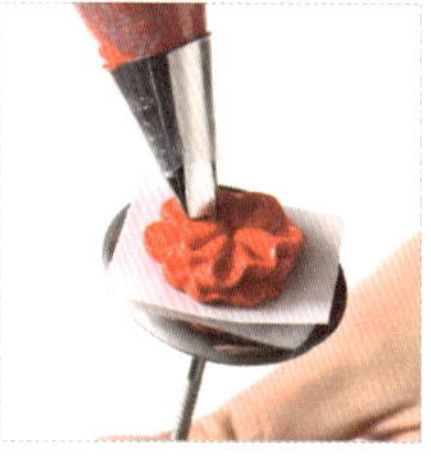

4 다시 위에 작게 한 번 더 원형으로 짠다.

5 맨위에 한 번 더 짜면 입체적인 꽃 모양이 나온다.

6 꽃받침에서 유산지를 떼고 하루 정도 말린 후 사용한다.

웨딩

햴러윈과 크리스마스 쿠키만큼이나 인기 있는
웨딩 쿠키예요. 지인들이 신랑 신부에게 선물해도 좋고,
신랑 신부가 하객들에게 선물해도 좋은 쿠키랍니다.

턱시도

쿠키 형지 P.151
쿠키 종류 플레인 쿠키
아이싱 반죽
묽음 검은색 ●, 흰색 ○
됨 검은색 ●, 회색 ●

1 식용펜으로 사진처럼 밑그림을 그린다. 흰색 아이싱으로 셔츠 부분에 라인을 그리고 면을 채운다.

2 10분 정도 말린 후 검은색 아이싱으로 턱시도 라인을 그린다.

3 면을 채우고 이쑤시개로 고르게 편다.

4 5분 정도 말린 후 검은색 아이싱(됨)으로 옷 라인과 단추를 그리고, 회색 아이싱으로 리본과 셔츠 단추를 그린다.

웨딩드레스

쿠키 형지 P.151
쿠키 종류 플레인 쿠키
아이싱 반죽
묽음 흰색 ○
됨 흰색 ○
부재료 리본

1 흰색 아이싱으로 사진처럼 라인을 그린다.

2 면을 채우고 이쑤시개로 고르게 편다.

3 10분 정도 말린 후 흰색 아이싱(됨)으로 허리 라인을 그린다.

4 흰색 아이싱(됨)으로 사진처럼 라인을 넣는다.

밑단

5 흰색 아이싱(됨)으로 가슴 위쪽에 점을 찍는다. 밑단에는 지그시 누르듯 점을 찍는다.

6 리본을 붙인다.

칵테일

쿠키 형지 P.151
쿠키 종류 플레인 쿠키
아이싱 반죽
묽음 흰색 ○, 노란색 ●
됨 노란색 ●

1 흰색 아이싱으로 테두리 라인을 그린다.

2 면을 채우고 이쑤시개로 고르게 편다.

3 30분 정도 말린 후 노란색 아이싱으로 라인을 그리고 면을 채운다.

4 마르기 전에 흰색 아이싱으로 점을 찍어 기포 느낌을 낸다.

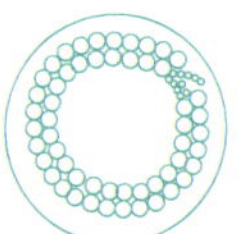

진주목걸이

쿠키 형지 P.151
쿠키 종류 플레인 쿠키
아이싱 반죽
묽음 민트색 ●
중간 흰색 ○
부재료 화이트 펄 아라잔, 은색 아라잔(소)

1 민트색 아이싱으로 테두리 라인을 그리고 면을 채운다.

2 2~3시간 정도 말린다. 흰색 아이싱으로 목걸이 라인을 그린 후 화이트 펄 아라잔을 하나씩 붙인다.

3 같은 방법으로 두 줄의 진주 목걸이를 만들고, 목걸이 연결 부분에 은색 아라잔을 붙인다.

5 10분 정도 말린 후 사진처럼 노란색 아이싱(됨)을 작은 도넛 모양으로 짜 넣어 디테일을 살린다.

Tip 너무 묽은 아이싱 반죽으로 아라잔을 고정하면 마르기도 전에 아라잔들이 미끄러져 움직일 수 있으니 중간 정도의 아이싱 반죽을 쓰는 게 좋아요.

반지

쿠키 형지 P.151
쿠키 종류 플레인 쿠키
아이싱 반죽
묽음 흰색 ○
중간 흰색 ○
부재료 스파클링슈거

1 흰색 아이싱으로 사진처럼 라인을 그리고 면을 채운다.

2 10분 정도 말린 후 흰색 아이싱으로 윗부분에 라인을 그리고 면을 채운다.

3 마르기 전에 쿠키를 뒤집어서 위쪽 알 부분에 스파클링슈거를 묻힌다.

4 10분 정도 말린 후 흰색 아이싱(됨)으로 사진과 같이 디테일을 더한다.

핑크 왕관

쿠키 형지 P.151
쿠키 종류 플레인 쿠키
아이싱 반죽
묽음 분홍색 ●, 빨간색 ●
됨 흰색 ○
부재료 스파클링슈거

1 분홍색 아이싱으로 테두리 라인을 그린다.

2 면을 채우고 이쑤시개로 고르게 편다.

3 10분 정도 말린 후 빨간색 아이싱으로 사진처럼 타원형을 그린다.

4 마르기 전에 쿠키를 뒤집어서 빨간색 부분에 스파클링슈거를 묻힌다.

웨딩 케이크

쿠키 형지 P.151
쿠키 종류 플레인 쿠키
아이싱 반죽
묽음 분홍색 ●
됨 분홍색 ●, 노란색 ●

1 분홍색 아이싱으로 사진처럼 라인을 그린다.

2 분홍색 아이싱으로 면을 채운다.

3 10분 정도 말린다. 분홍색 아이싱(됨)으로 밑단에 끝을 지그시 누르듯 여러 개의 점을 찍는다.

5 흰색 아이싱으로 장식을 하고, 글씨를 쓴다.

4 분홍색 아이싱(됨)으로 사진처럼 세부 장식을 한다.

5 노란색 아이싱(됨)으로 케이크 위에 초를 그린다.

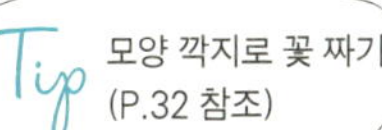

보석함

쿠키 형지 P.151
쿠키 종류 플레인 쿠키
아이싱 반죽
묽음 민트색 ●, 흰색 ○
됨 민트색 ●
부재료 101번 깍지, 짤주머니, 꽃받침

1 식용펜으로 사진처럼 상자 모양의 밑그림을 그리고, 민트색 아이싱으로 밑그림을 따라 라인을 그린다.

2 민트색 아이싱으로 면을 채우고, 5분 정도 말린다. 그 위에 다시 민트색 아이싱(됨)으로 라인을 그린다.

3 흰색 아이싱으로 상자 끈의 라인을 그리고 면을 채운다.

4 101번 깍지를 끼운 짤주머니에 민트색 아이싱(됨)을 넣고, 사진과 같은 꽃을 만들어 하루 정도 말린 후 쿠키 위에 붙인다.

우산

쿠키 형지 P.151
쿠키 종류 플레인 쿠키
아이싱 반죽
묽음 흰색 ○
중간 흰색 ○
됨 흰색 ○

1 흰색 아이싱(중간)으로 우산 밑단에 지그재그 라인을 그린다.

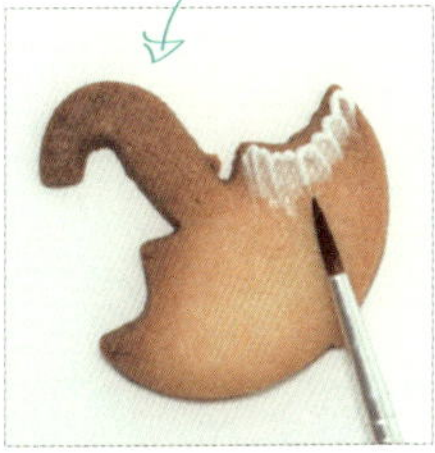

2 물을 살짝 묻힌 붓으로 살짝 닦아내듯 붓질을 해 사진과 같은 효과를 낸다.

3 흰색 아이싱의 지그재그 라인을 한 번 더 그리고 다시 붓질한다.

4 상단 부분에 흰색 아이싱으로 라인을 그린 후 면을 채우고, 손잡이를 그린다.

5 흰색 아이싱(됨)으로 사진처럼 디테일을 더한다.

실물크기 쿠키 형지

P.19의 '직접 모양 만들기'를 참조해서 사용하세요.

P.47
P.48
P.45
P.48
P.51
P.53
P.50
P.50
P.51
thank you
Rua

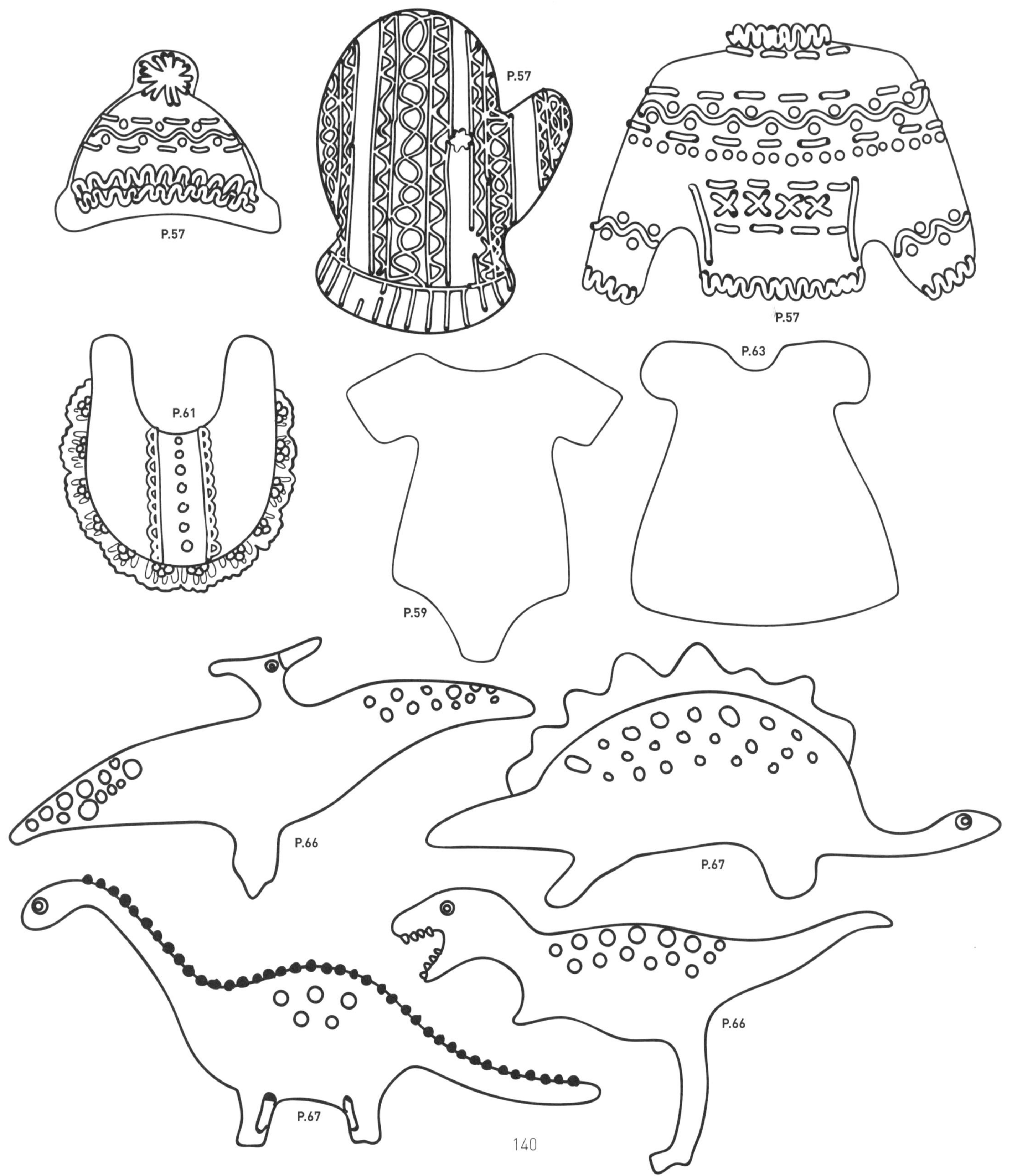

P.57
P.57
P.57
P.61
P.63
P.59
P.66
P.67
P.67
P.66

PoLICE
P.70
P.70
P.69
P.71
P.70
P.69

P.73
P.73
P.74

P.76
P.76
P.76
P.77

P.83
P.81
P.81
P.81
P.88
P.82
P.85
P.85
Sugar
P.88
bowl
P.86
P.86
P.89

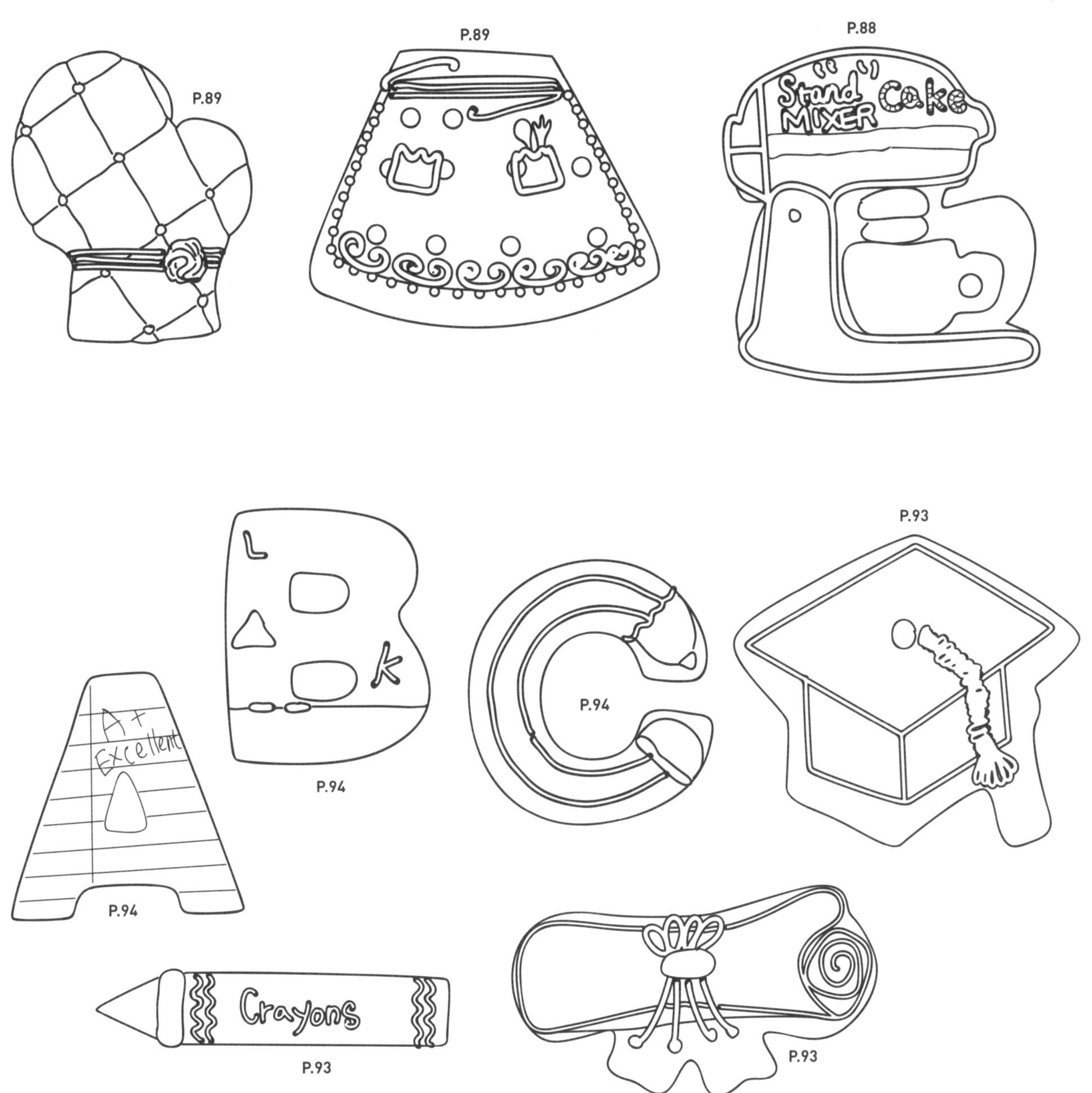

P.89
P.89
P.88
Stand MIXER Cake
L
B
k
C
P.94
P.93
A+
Excellent
P.94
P.94
Crayons
P.93
P.93

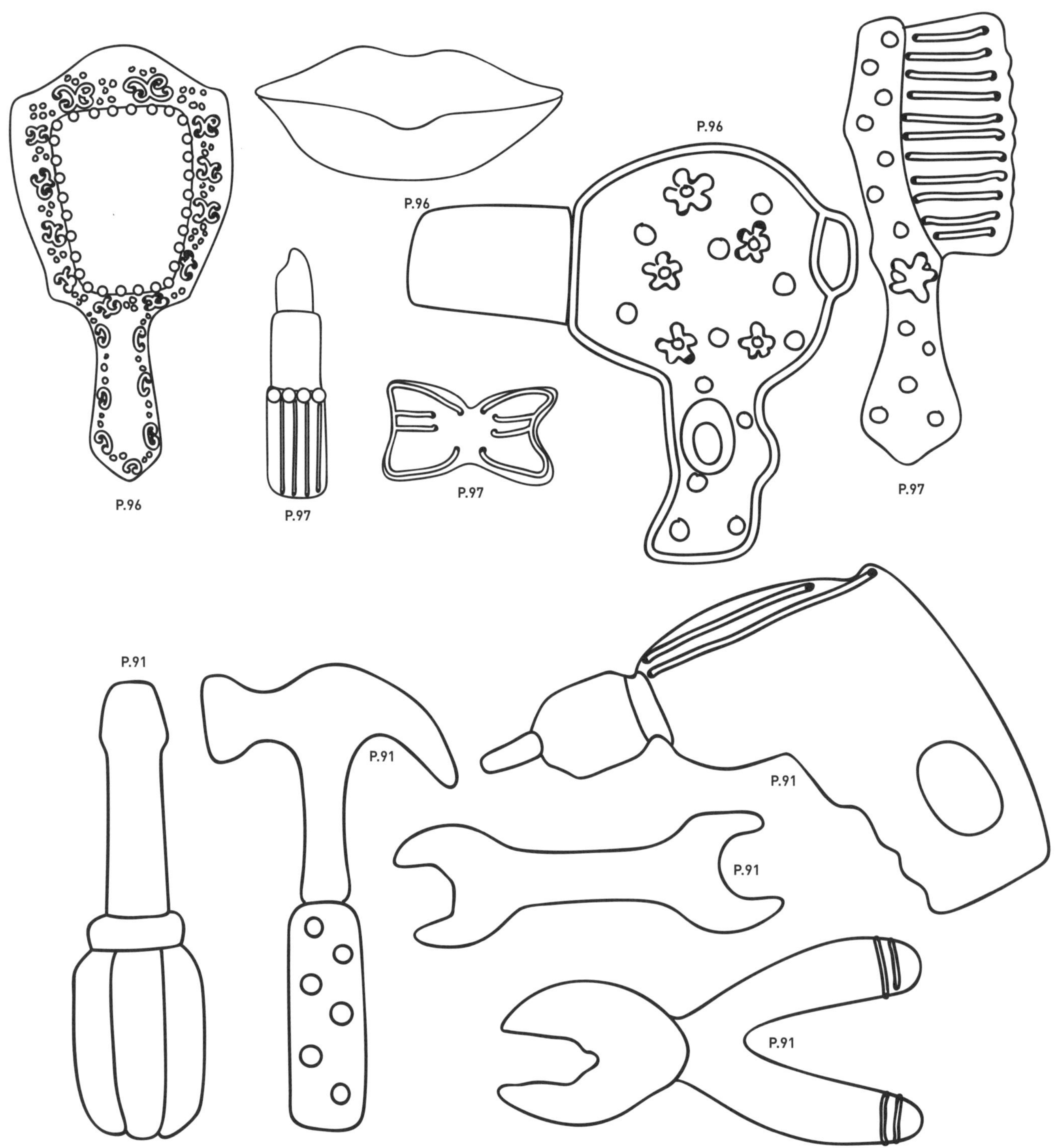

P.96
P.96
P.96
P.97
P.97
P.97
P.91
P.91
P.91
P.91
P.91

P.103
P.106
P.101
P.107
P.105
P.103
P.105
P.110
P.106
P.109
Bag
bag

P.119
P.117
P.117
P.117
P.118
P.121
P.121
P.125
P.124
P.123

P.122
P.123
P.124
P.125
P.113
P.112
P.113
Merry Christmas
merry christmas

P.129
P.129
P.131
P.131
Thank you

P.136
P.135
P.134
P.134
P.135
P.135
Rua
P.136
P.137
P.135
P.137
P.134

루아스 마마의 홈베이킹 클래스

귀여운 아이싱 쿠키 만들기